越过内心
「那座山」
The Gift

12 Lessons to Save Your Life
12个普遍心理问题的
自我疗愈

[美]伊迪丝·伊娃·埃格尔 (Edith Eva Eger) —— 著
周常 —— 译

新华出版社

图书在版编目（CIP）数据

越过内心那座山：12个普遍心理问题的自我疗愈 /（美）伊迪丝·伊娃·埃格尔著；周常译.
— 北京：新华出版社，2022.2
书名原文：The Gift: 12 Lessons to Save Your Life
ISBN 978-7-5166-6180-2

Ⅰ.①越… Ⅱ.①伊… ②周… Ⅲ.①心理学－通俗读物 Ⅳ.①B84-49
中国版本图书馆CIP数据核字（2022）第021248号

著作权合同登记号：01-2021-5956

THE GIFT: 12 LESSONS TO SAVE YOUR LIFE
by EDITH EGER WITH ESME SCHWALL WEIGAND
Copyright: ©2020 BY DR. EDITH EVA EGER
This edition arranged with The Marsh Agency Ltd & Idea Architects
through BIG APPLE AGENCY, LABUAN, MALAYSIA.
本书中文简体版权归属于新华出版社和东方巴别塔（北京）文化传媒有限公司
版权所有

越过内心那座山：12个普遍心理问题的自我疗愈

作　　者：[美]伊迪丝·伊娃·埃格尔	译　者：周　常
出 版 人：匡乐成	特约策划：巴别塔文化
责任编辑：高映霞	特约编辑：赵昕培
责任校对：刘保利	封面设计：刘　哲

出版发行：新华出版社
地　　址：北京市石景山区京原路8号　　邮　　编：100040
网　　址：http://www.xinhuapub.com
经　　销：新华书店、新华出版社天猫旗舰店、京东旗舰店及各大网店
购书热线：010-63077122　　　中国新闻书店购书热线：010-63072012

照　　排：北京平准天地文化发展中心
印　　刷：天津鸿景印刷有限公司

成品尺寸：145mm×210mm　　32开
印　　张：8.75　　　　　　　字　　数：152千字
版　　次：2022年4月第一版　　印　　次：2025年2月第十次印刷
书　　号：ISBN 978-7-5166-6180-2
定　　价：58.00元

版权专有，侵权必究。如有质量问题，请与出版社联系调换：010-63077124

推荐序一

很荣幸能为读者们推荐这本佳作。我推荐它不仅因作者、译者都是心理学一线工作者,更为重要的是作者的老师是我最尊崇的心理学家——维克多·弗兰克尔。本书作者伊迪丝·埃格尔博士曾经师从心理学家维克多·弗兰克尔,50岁获得心理学博士学位,94岁仍以旺盛、坚韧的生命力从事着助人工作,并坚持写作至今,令人钦佩。

奥斯维辛集中营曾是名副其实的人间地狱,千千万万的生命终结于此,但也有无数的生命从这炼狱中涅槃,绽放出磅礴的生命力量,维克多·弗兰克尔和伊迪丝·埃格尔就是其中的代表。作者虽然未在书中对这段经历详加描述,但这段经历对她的生命,以及她用生命影响另一个生命的过程的影响,在全书中无处不在。正如作者所说,这段经历是人生最好的课堂,在那里体验到的丧失、折磨、饥饿和持续的死亡威胁,助她找到了通向幸存和自由的工具。多年后,作者鼓起勇气回到了奥斯维辛,脑海中留存的痛苦记忆仍让她心灵震动。

这是一种伟大的生命力量，也正是我想分享的。纳粹集中营虽然带给这个世界无尽的痛苦，但也让我们发现和认识了人性的光辉与伟大，弗兰克尔和伊迪丝都用生命证明了积极的选择能让生命更有力量。

许多心理学家之所以伟大，是因为他们从不同的角度为促进人类走向美好做出努力，更用自己的经历证明了自己的理论。伊迪丝·埃格尔就用自己的经历和存在主义理论诠释了生命和环境的积极互动。在匈牙利古老文化的熏陶与激励下，她战胜了极端环境，超越了自我。她的"选择疗法"融合了积极心理学的因素，这在本书的诸多案例中均有体现。作者用亲身经历的事件和在临床工作中遇到的个案向读者揭示了一个个束缚人们思维的牢笼，同时分享了打开这些牢笼的"钥匙"。她给出的建议通俗易懂、易于操作。

伊迪丝·埃格尔博士是一位令人尊敬的女性，本书以独特的女性视角诠释了她对积极心理学和存在主义的理解与实践。女性的温柔和韧性在作者描述的人生经验和助人经历中得到了淋漓尽致的体现。埃格尔博士用自己独特的生命体验帮助了无数人，希望这本书也能给读者带来力量，为身处困境的人提供帮助。幸运的是，本书的译者也是一位优秀的心理学从业者，书中融合了译者多年的助人经验，让这本译著保持了专业性和可读性，字里行间也表达着她对积极生命力量的敬畏。

如何能放弃借口,直面人生?如何走出自己的牢笼?如何能为自己的自由负责?这些问题在本书中都有阐述。"时间流逝,吾等亦随之改变"——活在当下,这是古老的拉丁谚语给出的建议;"获得自由的关键是不断成为真正的自己",这是伊迪丝·埃格尔博士给出的提示。希望本书能引发读者的思考与共鸣,给予人们积极的指引。

北京师范大学心理学部教授

张西超

推荐序二

2020年是新冠疫情在全球肆虐的一年，人类如何面对疫情灾难？如何应对痛苦的困境？伊迪丝·伊娃·埃格尔（Dr. Edith Eva Eger）所著的《拥抱可能》（*The Choice: Embrace the Possible*）用自己从纳粹集中营大屠杀中幸存的人生经历为人们提供了一种答案。

作为一位临床心理学家和心理治疗师，她用自传故事的形式向读者介绍了如何面对失去父母的伤痛，如何改变自己的想法、在心中点燃希望之灯，如何成为幸存者而不是受害者。2020年，比尔·盖茨在其官方博客上推荐了最值得阅读的五本书，第一本就是《拥抱可能》。他推荐的理由是"独特的身世背景给予她惊人的洞察力，我想，现在很多人都可以从她关于如何应对困境的建议中找到安慰"。这本书的中文版可以说是伴随着新冠疫情的暴发面世的（2019年12月出版），看到比尔·盖茨的推荐，我也购买了此书并用两天时间读完。读后我觉得，作为研究接纳承诺疗法（ACT）的专家，伊迪丝·伊娃·埃格尔博士用自己的生命生动地演绎了ACT的精髓，通过接纳、活在当下和寻求意义让自己走出了纳粹集中营留下的创伤阴影并走出了自己头脑中的牢笼，过上了充实、丰富、有意义的生活。

令我感到非常惊喜和十分荣幸的是，10月中旬，周常老师告知我她翻译了埃格尔博士的第二本书《越过内心那座山：12个普遍心理问题的自我疗愈》（*The Gift: 12 Lessons to Save Your Life*），并把译稿发给了我，希望我能写推荐序。这次，我用十余天时间细细品读了这本新书。这本书和第一本自传故事不同，更像是一位经验丰富、智慧慈悲的心理治疗师所写的一本自助书籍，主要为读者提供了12种有效途径，帮助读者走出12种精神牢笼。埃格尔博士用自己的人生故事及来访者的故事生动、深刻地为读者上了12堂人生成长课。本书每章分两部分，第一部分先是用精练的语言阐述我们常见的一种精神牢笼（如受害者心态型牢笼、逃避型牢笼、自我忽视型牢笼等），然后将自己真实、生动、感人的人生故事或来访者故事娓娓道来；每章第二部分用十分简练的文字介绍了三种左右具有可操作性的方法，告诉读者如何走出这种精神牢笼。

写到此处，我眼前浮现出埃格尔博士在香港犹太大屠杀及宽容中心与亚洲协会香港中心主办的"奥斯维辛集中营的芭蕾舞者"线上分享会最后做芭蕾舞抬腿的画面，这也是她每次演讲完都会做的经典动作。作为一名94岁的老人，她头脑清晰、智慧慈悲、身体矫健、衣着时尚，活出了精彩人生。正如她书中所写，"集中营这堂功课丰富了我的生活，赋予了我力量"；"即使生活充满了无数的创伤和痛苦，让你痛不欲生、悲伤难过，甚至濒临死亡，它仍然是一份礼物"。

  读完此书，我内心充满感动和感恩，埃格尔博士充满创伤、磨难和不懈奋斗的人生故事令人感动，她把如此智慧慈悲的人生经验凝练成12堂课传播于世间，功德无量。在如今新冠疫情常态化、持续两年而无法结束的困难时期，这本书如同一剂良药，能够帮助我们更灵活、更有效、更从容地应对生活压力、挑战、苦难和创伤，是她在耄耋之年赠予我们的珍贵的心灵礼物。这本书可以说是每一位心理咨询师和治疗师专业成长的示范教材，是每一位遭受心理痛苦的来访者的疗愈良药，也是每一位热爱学习、终身成长者的"修炼真经"，我也会将它推荐给每一位学习ACT的学生。

中国科学院心理研究所教授

祝卓宏

译者序
改变自己可以改变的，接纳自己无法改变的

我45岁，曾翻译出版过10多本心理学著作。我进行了5000小时以上的心理咨询和治疗工作，曾帮助过很多的来访者和家庭。我的来访者中有大学教授、企业高管、医院的医生、青少年、普通职员、夫妻、年迈的老人、国外驻中国机构的工作人员、患有焦虑症和抑郁症的人们等。

我非常感谢那些来访者。每次看到他们满脸愁容地走进咨询室，又面带笑容走出咨询室，我就由衷地敬畏每一个生命个体，也相信他们具有自愈的力量。他们只是卡在某种情绪的"牢笼"中，一时间走不出来。通过我的心理咨询与治疗，他们逐渐走出了自己的内在"牢笼"，甚至找到了生命的意义，更好地觉察自己，全情投入当下的生活和工作。我由衷地为他们感到欣慰和高兴。

我一直想写一本通俗易懂的书，但因为每天工作繁忙，想法一直没有落实。在阅读国外一些心理学家写的文献时，我偶然看到了本书作者伊迪丝·埃格尔博士的名字。我向国外的朋友询问，打听到她正在写这本新书。看完了英文稿件

后,我非常兴奋,深深地被这本书打动,被作者伊迪丝·埃格尔博士吸引。她曾在纳粹集中营里目睹和经历了惨绝人寰的暴行,当时纳粹杀害了将近600万犹太人。她是凭借怎样的毅力幸存下来的呢?更为传奇的是,她50岁时才拿到了心理学博士学位,而现在已是一位94岁的老人了。她从事心理咨询和治疗工作已有40多年。在40多年的工作经历中,她帮助了无数的人。她本身就是很多女性的榜样。她的经历也在告诉所有的女性,尊重自己、做自己喜欢的事情,什么时候起步都不晚。我由衷地佩服作者的坚毅和顽强,更觉得作者是我的一位老朋友。她在咨询与治疗中遇到的问题,我也经历过、体验过。

我想着,自己一定要翻译此书,于是托朋友帮忙联系到了出版方,表达了自己的翻译意愿。翻译的过程中,我几次感动得潸然泪下。在这里,我非常感谢出版方给我这次翻译机会。

这本书非常适合大众阅读,也非常适合心理咨询师阅读。普通读者能从此书中找到疗愈自己的力量,也能找到疗愈自己的方法,在阅读中体验心灵成长和觉醒的过程。我也向很多心理咨询师朋友推荐过此书。我相信所有的心理咨询师都会从此书中得到灵感和帮助,相信他们看到此书一定会有一种如获至宝的感觉。

让人们感到难过或影响人们心情的不是某些事实,而是人们对这些事实的加工和想象。让人们感到痛苦的是比较,也是来自语言的伤痛。有些人容易出现认知融合,很多人一直活在过去或者未来,每天都活在自己头脑中的各种念头中,甚至每天都因为别人的一句话、一个眼神而苦恼、悲伤、难过。人们的思想不会让事物变好或变坏,但人们如果出现了认知融合的症状,就会产生心理问题。有些亲子关系中,女儿会因为母亲的各种要求、安排或者强势的态度出现抑郁症状。无论拥有了多少财富、多高的地位,享有多少特殊待遇,当不好的事情发生,有的人总有那么一个时刻会去想象未来自己可能会面对一些不顺利的事情。有的人会与比自己生活好的人比较,认为自己不够好、不够优秀,甚至认为老天对自己不公平,产生自我怀疑,总是不满足。长此以往,这些人就会陷入无比痛苦的状态之中。有的人总是拥有在任何时刻想起自己痛苦的能力。很遗憾的是,人们经常用一些无效的方式处理自己的痛苦。一个人最终要成为他自己,成为一个整合的、不可分割的但又不同于他人的个体。人的自性化过程被看作一种源自无意识又自然发生的过程,一种不能用自己的意识进行干涉的过程。

正如著名心理学家阿尔伯特·埃利斯(Albert Ellis)所说,"生活的写法是'麻烦'"。人们总会遇到各种困境,总会遇到各种关卡,而很多人就被困在"牢笼"中。人们如果能读到此书,就会知道如何让自己走出内心的"牢笼",找到生命的意义,过好当下的生活,调整自己的认知,激发自己的行为,朝着自己的梦想前行。其实你遇到的那些悲惨遭遇都是人生最好的"礼物"和宝贵的财富，这些礼物不停地让你更好地调整自己，进行认知解离，更加包容与接纳自己，去改变自己可以改变的，接纳自己无法改变的。

再次感谢您对此书的关注，也希望您收获颇丰、生活幸福、活在当下，灵活地应对当下所有的"礼物"！

周常

2021年8月27日

目录
CONTENTS

001　序言　释放我们的心智囚徒

013　第一章　受害者心态型牢笼
现在怎么样了？

039　第二章　逃避型牢笼
奥斯维辛集中营里没有百优解

067　第三章　自我忽视型牢笼
与他人的所有关系都会走向终结

093　第四章　秘密型牢笼
一个屁股坐在两把椅子上

107　第五章　内疚和羞耻型牢笼
除了你自己，没人会拒绝你

121　第六章　未解决的悲伤型牢笼
什么还没发生呢？

143　第七章　僵化思维型牢笼
　　　你不需要向别人证明什么

161　第八章　怨恨型牢笼
　　　你会希望和自己结婚吗？

179　第九章　恐惧型牢笼
　　　你是正在进化还是在原地旋转？

201　第十章　评判型牢笼
　　　你的内心住着一名纳粹

221　第十一章　绝望型牢笼
　　　假如今天我幸存下来，
　　　明天我就会自由

241　第十二章　不宽恕型牢笼
　　　没有愤怒就没有宽恕

256　后　　记

259　致　　谢

此书献给我的来访者们。

你们是我的老师,你们给了我勇气,让我鼓起勇气再次回到奥斯维辛集中营,让我踏上追求宽恕和自由的道路。你们用诚实和勇气持续地激励着我,让我对生活充满了热情。

序言　释放我们的心智囚徒
我学会了如何在死亡集中营里存活下来

1944年春天，我16岁，和父母及两位姐姐居住在匈牙利的卡萨。我们周围充满了战争和偏见的气息，人们穿着别着黄色星星标志的外套，匈牙利的纳粹霸占了我们所住的那幢公寓，报纸上刊登了德国占领整个欧洲的战时新闻。我的父母坐在餐桌旁，眼神里充满焦虑。他们互相对视着，无奈地摇了摇头。糟糕的一天出现了，因为我是犹太人，所以不能参加排练了很久的奥运体操表演。当时的我正处于情窦初开时期，一直沉浸在对初恋男友埃里克的各种幻想中，他是我在读书俱乐部认识的一个高大男生。我一遍又一遍地回味我们的初吻，一遍又一遍地试穿父亲为我做的蓝色丝绸连衣裙。我每天在芭蕾排练室和体操练习室忙碌，经常跟漂亮的姐姐玛格达和克拉拉开各种玩笑。克拉拉当时正在布达佩斯的一家音乐学院学习小提琴。

接下来，所有的事情都变了。

四月份的一个寒冷黎明，卡萨所有的犹太人都被抓起来了。我们被关在一个城镇远郊的废弃砖厂里。几周后，我和姐姐玛格达，还有我们的父母都被塞进了一辆开往奥斯维辛集中营的运牲畜的火车里。抵达集中营的当天，我们的父母就被推进毒气室里杀害了。

在奥斯维辛的第一天夜里，我被迫给党卫军长官约瑟夫·门格勒[1]跳舞，他被称为"死亡天使"。那天，他仔细检查每个新到的人，把选出来的人扔进毒气室。被选出来的人也包括我的父母。"给我跳舞。"他命令道。我站在营房冰冷的水泥地上，被眼前的一切吓坏了，内心出现了前所未有的恐惧感。营房外面的管弦乐队开始演奏华尔兹舞曲《蓝色多瑙河》。我想起母亲曾对我说过，"没人能清除你已经植入头脑中的想法"。我闭上眼睛，觉察自己的内心世界。在我的脑海里，我不再被囚禁在可怕的、让我又冷又饿的集中营里。我回想起自己在布达佩斯歌剧院的舞台上表演时的情景，想象自己在柴可夫斯基的芭蕾舞乐曲中扮演着朱丽叶的角色。在这个可怕的集中营里，我命令自己张开手臂，迈开双腿，旋转起舞。我鼓起勇气，为活下去而跳舞。

---

1 约瑟夫·门格勒（Josef Mengele，1911年3月16日—1979年2月7日），德国纳粹党卫军军官和奥斯维辛集中营的"医师"，负责裁决是将囚犯送到毒气室杀死还是强迫他们劳动，并且对集中营里的人进行了残酷的人体实验。

奥斯维辛集中营是人间地狱，同时也是我人生的最好课堂。我在那里体验到了丧失、折磨、饥饿和持续的死亡威胁，凭借这些经历找到了通向幸存和自由的工具，并在后来的临床心理学实践和日常生活中持续运用这些工具。

在2019年秋天写这篇序言时，我已经是92岁的老人了。我在1978年获得了临床心理学博士学位，到目前为止从事心理治疗工作已经超过40年。我曾为越战老兵、遭遇过性侵的女性、学生、国家首脑和企业的CEO做过心理治疗，当然也帮助过很多患有焦虑症和抑郁症的人们；我还帮助过很多婚姻生活出现问题或渴望重新建立亲密关系的夫妻，改善了很多人的亲子关系，解决了很多与子女居住在一起的父母的困扰，也解决过与子女分离的父母的苦恼。作为一名心理学家，作为一名母亲，作为一名祖母、曾祖母，作为一名自己和别人行为的观察者，也作为一名奥斯维辛集中营的幸存者，我在这里要告诉你的是：最糟糕的牢笼不是纳粹将我投入的奥斯维辛集中营，而是我为自己建造的精神"牢笼"。

虽然我们的生活经历各有不同，但或许你知道我是什么意思。我们中的很多人都体验过被自己头脑里的想法困住的感觉。我们头脑中的想法和信念往往决定而且常常限制我们感觉到什么、做些什么，以及思考什么事情是可能发生的。多年的工作经历告诉我，那些使我们的心灵被囚禁的信念总是通过独特的方式展现出来，但那些使我们遭受痛苦的精神牢笼通常有着普遍性。这本书的主旨就是帮助我们识别自己的精神牢笼,让我们习得一些能力,让我们能自由地生活。

自由的基础是具备选择的力量。在战争的最后几个月,我没有选择的余地,没有逃跑的方法。匈牙利的犹太人是欧洲最后一批被驱赶到死亡集中营的人。我和姐姐在集中营里待了八个月。苏联的军队打败了德国,我们姐妹俩和其他100多位囚犯一起被从奥斯维辛转移。从奥斯维辛出来后,我们途经波兰、德国,向着奥地利行军。一路上,我们颠沛流离,被强迫在工厂里劳动。我们的身体被用作盾牌,坐在德国运输军用物资的火车顶上,保护火车免受英国飞机轰炸。(最终,那辆火车还是被英国飞机炸毁了。)

我和姐姐于1945年5月从奥地利贡斯基兴(Gunskirchen)的集中营里被彻底解救出来。那时距我们成为囚徒已有一年多,我们的父母和我们认识的其他人几乎都遇害了。长期的虐待使我的背部骨折,我浑身是疮,动弹不得,躺在一堆尸体中。那些曾和我一样病痛缠身、忍饥挨饿的人已经无法再呼吸了。我无法改变自己遭受过的对待。当纳粹分子把犹太人像牲口一样用运送牲畜的车厢送进集中营或者尽力消灭所有"不受欢迎的犹太人"时,我无能为力,改变不了当时的任何事情。我也无法改变系统性的种族灭绝行为以及集中营中

600万犹太人的死亡。我唯一能改变的是对自己的恐惧和绝望做出怎样的回应。不知道什么原因，我发现自己选择了充满希望，坚信自己能够活下去。

不过，在奥斯维辛集中营活下来只是我通往自由的第一段旅程。在遭受苦难后的几十年里，我一直是自己过去经历的囚徒。我表面上表现得很好，把自己的创伤抛之脑后，继续前行。我嫁给了贝拉，他是普雷绍夫（Presov）地区赫赫有名的反对纳粹望族的成员，曾作为游击队员在斯洛伐克地区的山林里与纳粹作战。我成为母亲，逃离了欧洲，移民到美国，摆脱了贫困，过上了衣食无忧的生活。我在40多岁时上了大学，毕业后成了一名高中老师，然后又回到大学读研究生，之后攻读了临床心理学博士。我在读研究生期间下定决心要帮助他人治愈伤痛，在之后的临床实践中也受到一些面临棘手问题的患者的信赖。但是，我一直在隐藏自己的过往——我一直努力逃避过去的经历，否认自己的创伤和内心的悲伤，自卑却又假装什么都没发生，尽力取悦别人，试图把所有事情都做到完美，把自己长期以来的怨恨和不如意归咎于丈夫贝拉。我努力追求成功，就好像只有这样才能弥补我失去的东西。

一天，我来到得克萨斯州布利斯堡的威廉·博蒙特陆军医疗中心实习。我穿上了白大褂，白大褂上别着写有"埃格尔博士，精神科"的名牌。但有一瞬间，我感觉那些字迹变得模糊了,仿佛名牌上写的是"埃格尔博士,冒牌货"。那一刻我才意识到,如果我不能先治愈自己,就不可能治愈别人。

我的治疗方法比较灵活,吸收了各种疗法的优点,也富有我自己的直觉判断,结合了以洞察力和认知为导向的各种理论和实践。我称它为"选择疗法",因为自由从根本上讲就是选择。人生中出现苦难是不可避免的,这也是人生的常态,但人们总是可以选择如何回应自己遇到的苦难。我经常激发或抑制来访者进行选择的能力,让他们的生活发生积极的改变。

这本书基于四个核心的心理学原则:

第一个是来自马丁·塞利格曼(Martin Seligman)和积极心理学的"习得性无助"(learned helplessness)理念。也就是说,当人们认为自己的生活没有效率、做什么都不能改善现状时,人们会感受到最大的痛苦。解决这种局面的方法就是"习得性乐观主义"(learned optimism)。我们只有用心理灵活性和心理韧性创造生命的意义和方向,才能走出低谷,达到"柳暗花明"的美好境界。

第二个是认知行为疗法(cognitive-behavioral therapy)。这一理论认为,人们的思想在支配自己的感觉和行为。因此,人们只有改变想法才能改变那些有害的、不正常的或自我挫败的行为。人们用那些积极的、支持自己成长的想法代替那些消极的信念就能改变自己。

第三个理念来自我最崇拜的导师之一——卡尔·罗杰斯（Carl Rogers）。他告诉我无条件积极自我关注（unconditional positive self-regard）的重要性。我们的痛苦往往源于误解。有时候，我们认为自己不值得被爱，不能展现真正的自己；认为要想获得别人的接纳和认可，就必须隐藏或者否认真实的自己。我在日常的工作中总会尽力做到无条件地爱来访者，努力指引他们。如果来访者不再戴着面具生活，不再为满足别人的期望而活或不再扮演别人，他们就会无条件地爱自己。

最后，我还要感谢我喜爱的导师、朋友，而且同样是奥斯维辛集中营的幸存者维克多·弗兰克尔（Viktor Frankl）。人生中最悲惨的遭遇会成为我们最好的老师，它能催化那些不可预知的发现，让我们以新奇的视角看待问题。疗愈、满足感和自由来自对如何回应生活带给我们的一切进行选择的能力，也来自从自己经历的一切（特别是苦难）中找到生命的目标和意义的能力。

自由需要终身练习——我们每天都要重复进行这项选择。归根结底，自由需要人们心怀希望。我对希望有两方面的定义：一个是能够意识到不论自己的痛苦多么强烈都只是暂时的；另外一个是对即将发生的事情充满好奇。希望让我们活在当下而不是把自己锁在过去经历的事件的牢笼中，并且开启精神牢笼的大门。

现在距我从集中营被救出来已经过去了75年。我仍然噩梦连连，我的头脑中仍会再现当年的遭遇。我想，直到我死去的时候，我都会为失去父母而难过。我的父母永远不会知道他们的后代能够幸存，也不会知道我已经四世同堂。虽然恐惧一直伴随着我，但我已欣然接纳它。对自己的遭遇轻描淡写或者试图忘记它都不是获得自由的良策。

记住和纪念某些事与被困在对过去的愧疚、羞耻、愤怒、悔恨或恐惧中是截然不同的。虽然失去了双亲，但我能够直面现实，并能记得自己的遭遇。我没有停止选择爱，总是满怀希望。对我来说，即使处在深重的苦难之中和面临强烈的无力感时，我仍然有选择的能力，而这些正是在奥斯维辛集中营的经历带给我的真正礼物。

把任何来自死亡集中营的遭遇称作"礼物"似乎是错误的。人间地狱里怎么会结出善果呢？我时时刻刻都在担心自己会被从队伍中或营房里拉出来扔进毒气室。每当看到毒气室的烟囱冒出黑烟，我就会想起自己的父母和无数死去的人。在这种悲惨的环境中，我是那么的无能为力，我救不了任何人。但我可以专注于脑海中的想法，我可以选择如何回应，而不是对那些消极的念头做出反应。奥斯维辛集中营让我有机会发现自己内在的力量，让我知道了自己具备选择的能力，并学会依靠自己内在的某些部分。如果没有这段经历，我可能永远也不知道自己具备这些能力。

每个人都具备选择的能力。外界不能给我们任何帮助和滋养的时候正是我们发现真正自己的时刻。重要的不是那些发生在我们身上的糟糕事情，而是我们如何对待自己的经历。

当我们逃离了自己的精神牢笼时，我们不仅能从阻碍我们的事物那里获得自由，而且具备了让我们的自由意志得到施展的自由。1945年5月，我在贡斯基兴被解救，我在那时懂得了积极自由和消极自由的区别，当时我17岁。第71步兵团前来解放这个集中营时，我躺在泥泞的地上，躺在一堆死尸和将要死去的人中间。我还记得士兵们脸上吃惊的表情。他们尽力用头巾遮住脸，以此阻挡正在腐烂的躯体散发出来的恶臭。在获得自由的最初几个小时里，我看到有些还有行走能力的囚徒走出了大门。过了一会儿，他们又回来了，无精打采地坐在潮湿的草地上，或者坐在营房前的泥地上，动弹不得。维克多·弗兰克尔也曾描述过这样的场景，他所在的集中营被苏联军队解放时也发生了类似的现象。这种情况的出现是因为人们虽然已经获得了自由，但在身体上或精神上还无法意识到自己已经自由了。人们被饥饿、疾病和创伤侵蚀，已经没有能力为自己的生活负责，甚至不记得如何做自己了。

我们虽然挣脱了纳粹的牢笼,但并没有获得自由。

我现在意识到,对我们来说,最具毁灭力量的牢笼就是自己内在的精神牢笼,而钥匙就在我们自己的口袋里。无论遭受了多大的痛苦,也无论那个牢笼多么坚固,我们还是有可能从束缚自己的牢笼中走出来。

走出自己内在的牢笼虽然不容易,但值得一试。

我曾在《拥抱可能》中讲述过自己的亲身经历——如何被囚禁、如何被解救,以及如何真正获得自由。我为那本书能够得到全球读者的欢迎而感到震惊,同时也惭愧自己没有那么伟大。来自全球的读者和我分享了他们的故事,告诉了我他们如何面对自己的过去、如何治愈内心的创伤。我与读者们一直保持着紧密的联系,有时候是通过电子邮件,有时候是通过社交媒体平台或手机视频。他们向我讲述了他们自己的很多故事,这些故事中的一部分在这本书中出现了(为了保护隐私,我更改了他们的姓名和详细信息)。

在写作《拥抱可能》时,我并不想让人们在读到我的故事时认为"我的故事无法与她的相提并论"。我想让人们听到我的故事,并认为"如果她能做到,我也一样能做到"。很多人询问过我是如何修复自己的生活和治愈来访者的,并希望我给出治疗指南和方法,所以我决定写这本书。

我在本书的每一章中都讨论了一个我们头脑中的思维牢笼,用我亲身经历的事件和在临床工作中遇到的个案描述了每种牢笼对我们的影响和挑战,同时介绍了如何应对这种思维牢笼,最后用能够打开思维牢笼并将我们解救出来的"钥匙"结束每个章节。书中的一些"钥匙"以问题的形式呈现,读者可以将它当作旅途指南,也可以就这个问题与好朋友或心理咨询师商讨;还有一些"钥匙"是具有可行性的步骤指引,读者可以立即照做以改善自己的生活和人际关系。虽然治疗不是一个线性的过程,但我已经根据自己在获得疗愈、通往自由的旅程中的亲身体验调整了章节的顺序。也就是说,这些章节可以单独阅读,也可以按照先后顺序阅读。你是自己人生旅程的总导演,我邀请你按照最适合你的方式使用这本书。

为了让你踏上自由之旅,我在这里提供三个初始路标。

除非我们准备好了,否则不要改变。有时候,强迫我们去面对问题并尝试其他可能的正是艰难的处境——离婚、事故、疾病,甚至死亡。有时候我们内心的痛苦或未被满足的愿望变得越来越强烈,让我们一分钟都不能

> 除非我们准备好了,否则不要改变。

继续忽视它们。不过,你要记住,心理准备不是来自外部,外力也不能催促或强迫你。当你的内心发生变化时,你会决定开始行动。"我从前是这样做的,我现在正打算做点别的事情。"

改变就是要打破那些不再对我们有益的习惯和模式。如果你想让自己生活的改变有意义,那就不要简单地放弃一个功能失调的习惯或信念,而是要用更健康的习惯或信念替代它。你要找到一支飞向目标的箭,让它带着你前行。在你踏上旅途时,重要的不仅仅是知道从哪里获得自由,还包括你想自由地去做什么或成为什么。

> 改变就是要打破那些不再对我们有益的习惯和模式。

最后,当你改变了自己的生活,你并不是成为新的自己,而是成为那个独一无二、钻石般珍贵、永远不再被封存埋没、永远不用被替代的自己。到目前为止发生在你身上的每一件事都是你选择的结果,都是你尽力应对的结果,一切都是如此。对你来说,这些都很重要,这些都是有用的,你没必要把一切都抛弃。无论你做了什么,你的行为都把你带到了目前的状态,带到了现在这个时刻。

> 当你改变了自己的生活,你就会成为真正的自己。

获得自由的关键是不断成为真正的自己。

第 / 一 / 章　受害者心态型牢笼

现在怎么样了？

> 苦难是人生的常态，
> 而受害者心态则可以选择。
>
> *Suffering is universal.*
> ***But victimhood is optional.***

我根据多年来的临床心理学经验得知,一般受害者都会问"为什么是我?",而幸存者却会问"现在怎么样了?"。

苦难是人生的常态,而受害者心态则可以选择。人们没有办法摆脱自己的逆境或他人的迫害,但可以选择自己的心态。究竟是选择受害者心态还是幸存者心态,这完全取决于你。人们无论多么善良、多么努力,都会遇到各种困难和痛苦,这是不变的定律。我们会受到人力几乎无法左右的外在环境和遗传因素的影响。不过,我们可以选择是否让自己停留在受害者心态中。也就是说,我们无法选择发生在自己身上的事情,但可以选择如何对自己的经历进行回应。

我们中的很多人停留在受害者心态的牢笼中,是因为在潜意识中认为这样更安全。我们一遍又一遍地询问"为什么是我?",希望通过找到答案来缓解自己的痛苦。"我为什么患了癌症?""我为什么丢了工作?""我的配偶为什么会出轨?"我们寻求着答案,寻求着理由,仿佛已经发生的事情都有着合乎逻辑的解释。不过,当我们询问"为什么是我?"

时,我们正在陷入责备某人、某事,甚至自己的心境之中。

为什么这件事发生在我身上了呢?

哦!为什么不能发生在你身上呢?

或许正因为我在奥斯维辛集中营里幸存了下来,我才能把自己当作一个活生生的例子,告诉大家如何成为一名幸存者,而不是受害者。当我用"现在怎么样了?"替代"为什么是我?"时,我就不再关注为什么这件不好的事情发生了或正在发生,而开始关注怎么用自己的经验去应对。我不是在寻找救世主,也不是在寻找替罪羊。恰恰相反,我开始关注自己能做出什么选择,以及可以用什么样的行为去应对。

我的父母无法选择自己的生命以何种方式结束,但我却有很多选择。我可以选择因为包括我的父母在内的数百万人死去而自己幸存下来而一直感到愧疚,也可以选择释放过去的悲伤,继续工作、生活和疗愈。我拥有这份力量和自由。

受害者心态是一种心智的僵化状态,它将你困在过去、困在痛苦中,让你总是在思量自己的失败和损失,总是在头脑中问自己"我不能做什么"和"我没有做什么"。

现在,我来告诉大家走出受害者心态的第一个方法:无论发生了什么,都要以平和的襟怀应对。这么做并不意味着你必须喜欢发生的事情。但是，当你停止对抗或抵触，你就获得了更多的精力和想象力去着手弄清楚"现在怎么样了？"这个问题，你就会勇往直前，而不是原地踏步。你会发现在那一刻你需要什么、你想要什么，也就能知道你想从这里朝着哪里前进。

每一种行为都会满足一种需求。我们中的很多人选择继续当受害者，是因为这种身份让我们得到了不作为的许可。然而，追求自由是要付出努力和代价的，因为我们要对自己的行为负责——即使这个情形不是我们造成或选择的，我们也要承担责任。

生命中总是充满了奇迹。

还有几周就快过圣诞节了。45岁的艾米丽已经结婚11年，现在是两个孩子的母亲，她认为自己的婚姻生活一直都很幸福。这一天，孩子都入睡后，她与丈夫一起坐在沙发上。艾米丽正想提议一起看一部电影，但她丈夫平静地看着她，说出的话让她的情绪一落千丈。

"我遇到了某个人，"他说道，"我们相爱了。我本以为你我都不会再结婚。"

艾米丽完全被丈夫的话吓到了。她不知所措，找不到生活的方向。祸不单行,她身上又发生了更可怕的事情。她患了乳腺癌,而且乳房里的大肿瘤需要尽快进行积极化疗。在进行治疗的前几周里,艾米丽觉得自己彻底完蛋了,生不如死。在进行化疗的这几个月里,她的丈夫推迟了对他们婚姻问题的讨论,但她经常一个人发愣。

"我以为自己这一生就这么交代了,"艾米丽说,"我以为自己快要死了。"

我见到她时是她确诊后的第八个月,那时候她刚做完手术。医生告诉她,她已经完全康复了。

"我的病情完全出乎医生们的意料,"她说,"这真是一个奇迹。"

随着病情好转,接下来她要面对的就是婚姻问题。在艾米丽结束了最后一次化疗后,她的丈夫告诉她,他做出了决定,他想离婚,他租了个公寓,会搬出去。

"我之前害怕自己会死,"艾米丽告诉我,"但现在我必须学会如何活着。"

她开始不停地担心孩子们今后的生活该怎么办,如果再遇到类似的背叛怎么办,自己以后的生活费怎么办,一个人怎么面对孤独。各种烦恼和忧愁如潮水般涌来,她觉得自己快要坠入山谷了。

"我仍然觉得自己很难接受生活的巨大变化。"她说。

离婚让艾米丽陷入了最深的恐惧，真是越担心什么，就越会发生什么。这种恐惧就像她四岁时最害怕的被遗弃感一样。那时候，她的母亲患了抑郁症。她的父亲对妻子的病视而不见，丢下妻女外出工作，家里只留下母女两人。后来，她的母亲自杀身亡。这件事证实了艾米丽知道但内心却极力逃避的一个事实：你爱的人会消失。

"自15岁开始，我总是和男人处于某种关系中。"艾米丽说，"我从未学会享受独处，从未学会认同自己，从未学会爱我自己。"当她说出"爱自己"的时候，声音几乎变得哽咽。

我经常说我们需要送给孩子成长必备的根基，给予孩子翅膀。我们自己同样也需要这些。你唯一拥有的就是你自己。你孤独地出生，也孤独地离开这个世界。所以每天早上起床后，你要照一照镜子，大声地对自己说"我爱你""我永远不会离开你"。拥抱自己，亲吻自己。请试着这样做吧！

然后一整天都让自己保持这份好心情，每天都坚持这样做。

"可是，我该如何应付丈夫的事情呢？"艾米丽问道，"我们见面时，他看起来很平静，也很轻松。他很开心自己做出了这个决定。不过，我却抑制不住悲伤，痛哭流涕。看到他时，我无法控制自己。"

"如果你想做到,你是能做到的。"我告诉她,"但是,前提是你自己想要这样,我不能代劳。我没有改变你想法的能力,而你完全具备这种能力。你可以自己做出决定。你可能会尖叫或哭泣。不过,除非大吵大闹、哭哭啼啼对你有什么好处,否则不要这样做。"

有时候,一句话就能让人走出受害者心态。这句话就是:"这样做,对我有什么好处吗?"

你不妨这样问问自己:"与已婚男士上床,对我有什么好处呢?""吃一块巧克力蛋糕,对我有什么好处吗?""用拳头使劲打出轨的丈夫,对我有什么好处呢?""跳舞对我有什么好处呢?""帮助一位朋友对我有什么好处呢?""这件事情让我精疲力竭还是给我带来力量呢?"

另外一个摆脱受害者心态的方法是学会面对孤独。与其他事情相比,孤独是最让人们恐惧的。不过,当你学会爱自己的时候,你就会享受孤独。

"爱自己,对你的孩子们也有好处。"我告诉艾米丽,"当你让孩子们知道你永远不会失去自己时,就是在告诉他们,他们也永远不会失去你。你现在就在这里。这样,他们就会比较安心,就能享受他们自己的生活。与其保持你担心他们、他们也担心你的状态,让你和孩子都提心吊胆,还不如让孩子们知道你总是和他们在一起。对你的孩子们,也对你自己说

'我就在这里。我正在将我的存在展示给你们。'你要留给孩子,也留给自己一个从未有过的坚定信念:我是一个健康的母亲。"

当我们开始爱自己,我们就会发现,自己内心那些从未被填补的漏洞开始渐渐得到了滋养和弥补。我们学会了这样说:"啊哈!以前我从未有过这种体验。"

我问艾米丽在过去八个月的动荡生活中有什么发现。她眨着一双大眼睛对我说:"我发现自己身边有很多好人——我的家人、老朋友以及在治疗期间认识的新朋友。当医生说我患了癌症时,我以为自己这辈子完了。现在,我遇到了这么多人。我已经学会了如何与病魔抗争,我充满了活力。我直到45岁才明白了这个人生道理,但我觉得现在能知道这个道理真的很幸运。我的新生活已经开始了。"

即使是在最恶劣的环境中,我们也能找到力量和自由。亲爱的,你具有某些自己不知道的能力,请运用这种能力。不要做灰姑娘,坐在厨房里等待着某个恋足癖。你不是公主,也不会遇到王子。你的内心拥有你需要的所有爱和力量。所以,请写下你想要获得的成就:你想要过上什么样的生活,你想要什么样的伴侣。出门时让自己看上去光彩照人!结识那些与你有类似经历的人,与他们互相关照,去做更有意义的事。对周围一切保持好奇:接下来要做什么?

事情会有怎样的变化呢？

为了保护自己，我们的大脑会想出各种绝妙的办法。人们表现出的受害者心态是一种盾牌。如果我们没有任何过错，悲伤造成的痛苦就会减轻。就像这个案例中的艾米丽，如果她一直当一名受害者，就可以把所有的责任和谴责都抛给前夫。受害者心态的明显特征就是通过推迟和延缓成长给自己提供虚假的喘息机会。糟糕的是，人们保持这种状态的时间越久，就越难以摆脱它。

"你并不是一位受害者，"我告诉艾米丽，"过去的经历不能决定你是谁，只能说明你有过怎样的经历。"

我们会受伤，也会负责任。我们是有担当的人，也是无辜的人。我们可以放弃受害者心态带来的蝇头小利，朝着成长和疗愈的宏大目标前进。

让自己进入生活的其他部分，就是走出受害者心态的全部理由。芭芭拉在母亲去世一年后仍然走不出来，她找到了我。她64岁，皮肤光滑，披着一头金色长发，看起来比她的实际年龄年轻很多。不过，她看起来心理负担很重，大大的蓝眼睛里满是忧伤。

> 让自己进入生活的其他部分，就是走出受害者心态的全部理由。

芭芭拉与母亲的关系一直比较复杂,所以她的痛苦也比较复杂。她的母亲控制欲强,比较苛刻,这有时会强化芭芭拉的受害者心态。比如,在芭芭拉考试不及格或搞砸了某些事情时,她的母亲总会添油加醋地批评她。这让芭芭拉觉得无助,认为自己做不好任何事情。在某种程度上,摆脱母亲的歪曲认知和批判对芭芭拉来说是一件好事。但是,没有母亲的指责也使她觉得不安和无所适从。最近,她因为背部受伤辞掉了自己喜爱的咖啡店的工作。她夜晚失眠,脑海中总是浮现出各种问题:"我大限将至了吗?""我在哪些方面没做好?""我做了什么让人记住我?""我的人生有什么成就?"

"我感到悲伤、焦虑,没有安全感。"她说,"我就是无法平静下来。"

我经常在那些母亲去世的中年女性身上看到类似的现象。在母女关系中,未完成的情感事件会持续影响她们。她们的母亲虽然已经去世,但对她们的影响还是没完没了。

"你能从你妈妈过去对你的影响中走出来吗?"我问。

芭芭拉摇了摇头。她的双眼中满是泪水。

哭泣是一种好现象。眼泪意味着我刚才的话已经触碰到了她的真实情感。如果我问的问题让来访者流下眼泪,这对我来说就像淘到了黄金,就说明我发现了一些重要的东西。

然而，对来访者来说，情绪释放的那一刻既使他们脆弱又对他们意义深远。

我倾身向前，没有干涉，就让芭芭拉继续哭泣、释放自己。芭芭拉擦了擦脸上的泪水，声音颤抖地问道："我想要询问一些事情。我的脑海中总是浮现童年的一些记忆。"

我让她闭上眼睛回忆并描述那些事情，就像那些事情刚刚发生一样。

"我当时三岁，"她开始讲述，"一家人都在厨房里。爸爸在吃早餐。妈妈站在我和哥哥对面，她很生气。她让我和哥哥肩并肩地站着，询问道：'你们最喜欢谁，爸爸还是妈妈？'爸爸看着我们，哭了起来。他说：'别那么做，不要对孩子们那么做。'我本想说自己最喜欢爸爸。我想跑到爸爸的怀里，坐在他的腿上，拥抱他。可是，我不能那么做。我不能说自己爱爸爸，否则我妈妈会发疯，我也会有麻烦。所以，我只能说我最喜欢妈妈。而现在……"芭芭拉哽咽着，泪水顺着脸颊流下，"现在，我希望我能收回当时说的话。"

"你是一位很好的幸存者。"我告诉她，"你是个聪明的人。你为了幸存下来做了自己该做的事。"

"那么，为什么这件事对我的伤害这么大呢？"她问道，"为什么我无法释怀呢？"

"因为那个小姑娘不知道她现在是安全的。请把我带到她所在的那间厨房里,"我回答道,"告诉我你看到了什么。"

芭芭拉向我描述了朝着后院敞开的窗户,橱柜的门把手上有黄色的花朵,她的眼睛正好能平视烤箱的刻度盘。

"和那个小女孩谈谈,问问她,现在的感觉如何?"

"我喜欢爸爸,但我不能说出来。"

"你觉得自己无能为力。"

泪水再一次顺着她的脸颊流了下来。她擦了擦眼泪,双手捧着脸。

"那时候你还是个孩子,"我说道,"你现在是个成人了。请在内心试着找到那个独一无二的可爱小女孩吧。当那个女孩的妈妈,拉着她的手,告诉她:'我会把你从这里带走。'"芭芭拉摇了摇头,眼睛仍然闭着。

"请你握住那个孩子的手,"我继续说道,"请把那个小女孩送到门口,走下楼梯,走到外面的人行道上。带着她走过那片街区,来到一个拐角处。对那个小女孩说:'你已经不再被困在那里了。'"

受害者心态的牢笼经常始于童年。即使成年了,这种心态仍然会让我们感到无力、不知所措,正如小时候感受到的一样。我们只有让内心的孩子从受害者心态中走出来,让她感到安全,或者说,让她带着成人的自主性体验这个世界,才能走出受害者心态的牢笼。

我引导着芭芭拉,让她握着那个受伤的小女孩的手,带着她去散步,给她看花园里的花朵。宠着她,爱着她,给她一个冰激凌,或者一个可以按压的柔软的泰迪熊玩具(只要是她想要,并能给她带来安全感的东西就可以)。

"然后,带着她来到海滩。"我说,"请你向她展示怎么踢沙子,告诉她:'我在这里,我们要生气了。'和她一起踢沙子,一边踢沙子,一边大喊大叫。接着,带着她回到家里。不是回到那间厨房,而是你现在住的地方。你经常在这个地方出现,能随时照顾那个小女孩。"

芭芭拉仍然闭着双眼。她的嘴唇和脸颊变得越来越放松,但两眼之间的肌肉仍然比较紧张。

"那个小女孩被困在了厨房里,她需要你救她出来。"我说道,"你救了她。"

芭芭拉慢慢地点了点头,不过她脸上的肌肉仍然没有放松。

她在厨房里的工作还没完成,还有其他人需要她挽救。

"你的妈妈也需要你。"我说道,"她仍然站在那间厨房里。请帮她打开门，告诉她，你们俩现在都自由了。"

芭芭拉在想象中首先去接触了父亲。他还静静地坐在餐桌旁，满脸泪水。芭芭拉亲了亲父亲的额头，向他表达她年幼时不敢说出口的爱意。接着，她走向母亲，把手放在母亲的肩膀上，望着母亲不安的眼睛，朝着那扇打开的门点了点头。她们可以看到门外一片绿色的草坪。当芭芭拉睁开眼睛时，她脸上的肌肉已经完全放松了，肩膀上的肌肉也无比放松。

"谢谢你！"她说。

我们将自己从受害者心态中解脱出来，也意味着把别人从我们分配给他们的角色中解脱出来。

- -

几个月以前，我也曾有机会应用这个治疗工具。当时我在欧洲巡回演讲，我邀请了女儿奥黛丽陪我一起前往欧洲。我的女儿曾在初中和高中时期作为少年奥运会[1]的运动员接受过长期训练。她每天早上五点起床练习，因为长期泡在水里，头发受到水里的氯的影响变成了绿色。她的父亲陪着她参加了所有在得克萨斯州以及美国西南部举办的比赛。我和贝拉就是这样处理我们的职业和三个孩子的事务的——我们

---

[1] 少年奥运会是美国业余体育联盟（AAU）举办的年度体育比赛，只对美国选手开放，在美国城市举行。

各有分工，分担责任。不过，这样分配的结果也意味着我们各自会没有机会参与一些事情。现在让女儿陪我去参加会议，并不能弥补她年幼时我们失去的共处时光。不过，我们此次同行似乎能缓和母女关系。更何况，这次是我需要她的陪伴！

我们去了荷兰，去了瑞士，在那里大口地吃美味的拿破仑糕点。那些糕点风味浓郁、味道甜蜜，就像小时候我父亲每次溜出去打台球后回家时偷偷带给我的那些点心一样。战争结束以后，我曾多次回到欧洲。在这个勾起我童年回忆也让我想起曾遭受的创伤的地方，与我出色的女儿亲切谈话或与她一起沉默回想，对我来说是极其具有治愈效果的事。我耐心地倾听女儿对第二职业的规划，她想当一名领导力教练，还想帮人们走出悲伤。一天晚上，我在洛桑（Lausanne）的一所商学院向满屋子的全球企业高级管理人才们做演讲，有个人提出了一个令我吃惊的问题："您与奥黛丽一起旅游是什么感觉？"

我在脑海中搜寻着合适的词语来表达这次旅行对我和女儿来说多么特别。我提及，一个家庭中年龄排在中间的孩子经常会受到冷落。我们一家住在埃尔帕索（El Paso）以及后来搬家到巴尔的摩（Baltimore）时，我的大女儿玛丽安照顾奥黛丽多一些。奥黛丽基本上是被大姐带大的。我当时把大部分的精力都放在她们的弟弟约翰身上，忙着带儿子跑各种医院，治疗他未确诊的发育迟缓问题。约翰后来毕业于得克萨斯大学，曾是班级里排名前十的学生之一，现在是一位受人尊敬的领袖，也是残疾人权益的倡导者。我永远感激他能够接受干预，并配合一些重要的辅助治疗。与此同时，我也对很多事情感到愧疚：约翰的独特需求占用了我的大部分精力，妨碍了奥黛丽享受童年；奥黛丽和姐姐有六岁的年龄差；我自己的创伤让孩子承受了很大的负担。在公众场合即兴说出这些话对我来说是一种宣泄。我认识到自己的愧疚并道歉，这让我感觉很好。

第二天早上在机场，奥黛丽直言不讳地对我说："妈妈，我们必须改变关于'我是谁'的故事。我不认为自己是一名受害者，我希望您也别再那样看待我了。"

不适和为自己辩解的冲动使我的胸口一紧。我以为自己把她描述成了一位幸存者，而不是一位受害者。不过，她的感受是完全正确的。我为了掩盖自己的负疚感，让她扮演了一个受忽视的孩子的角色。我给我们赋予了不同角色：我是施害者，奥黛丽是受害者，玛丽安是救助者。（或者在同一个故事的另外一个版本里，我把约翰当成了受害者，我是救助者，而贝拉则是施害者。那些年，我一直生贝拉的气。）在家庭和各种关系中，受害者的角色经常来回转换。不过，如果没有施害者，就不会有受害者。当我们停留在受害者状态，或者让别人扮演这个角色时，我们就会强化伤害，也会让伤害持续下去。我把注意力放在奥黛丽成长过程中不曾拥有的东西上，这样做是在弱化她作为幸存者的力量——把一切经历看作成长机会的能力。我也把自己困在内疚的牢笼之中。

20世纪70年代中期，我在威廉·博蒙特陆军医疗中心当临床实习医生时，第一次注意到视角从受害者转变到幸存者带来的力量。一天，我接待了两位新来访者。他们都是越战老兵，都是下端脊髓受伤的瘫痪病人，站起来的希望微乎其微。医生对他们做出了同样的诊断，同样的预后。一名来访者像胎儿一样蜷缩在床角几个小时，满脸愤怒，不停地诅咒国家和上帝。而另外一位来访者则喜欢下床，坐着轮椅到处看。"我现在对一切都有了不同的看法。"他这样告诉我，"昨天，我的孩子们来看过我，我坐着轮椅能更近距离地看着他们的眼睛。"他虽然也因为自己瘫痪、性功能受损而感到不高兴，怀疑自己以后无法陪女儿赛跑、无法在儿子的婚礼上跳舞，不过，他把自己遭受的这次意外视作让自己换一个视角看问题的机会。他可以选择把自己的遭遇视作行为受限和某些功能丧失，也可以把这种遭遇当作新的成长源泉。

在40多年后，也就是2018年的春天，我在大女儿玛丽安身上看到了相似的特质。与丈夫罗伯在意大利旅游时，玛丽安不小心从台阶上跌落，头着地，脑部受到创伤。她受伤后的前两周里，我们都无法确定她是否能活下来。或者说，我们不确定如果她幸存下来，她会变成一个怎样的人。她是否能开口说话？是否还会记得自己的孩子们？是否还认识她的三个美丽的孙子？是否还会记得罗伯？是否记得自己的妹妹和弟弟？是否还记得我？在她生命垂危的那些日子里，我一遍又一遍地抚摸着一个手镯。这个手镯是玛丽安出生时贝拉给我的礼物，是用三种黄金制成的辫子形手镯。1949年逃离捷克斯洛伐克时，我把它藏在玛丽安的尿布中，偷偷带了出来。从那以后，我每天都戴着它。它是代表生命和爱的护身符，陪着我闯过了无数的灾难和困苦。它就像一件灵物一般，每次都能提醒我在逆境中存活下去。

对我来说，没有什么比恐惧和无助交织在一起更令我不安了。玛丽安的遭遇让我寝食难安，担心不已。我害怕自己会失去这个女儿，更为难的是，我们什么也做不了，没法帮助她，没什么办法能防止最坏的结果出现。每当感到恐惧，我就会喊着她的匈牙利语小名："玛琦萨，玛琦萨！"这几个音节就像是在祈祷一般。我意识到，这种祈祷和我在奥斯维辛集中营为约瑟夫·门格勒跳舞时内心发出的祈祷一样。我选择了觉察自己的内心世界。现在，在医院病房里，我也在内心创建了一个避难所，让我的精神在不确定性和威胁中找到安全的落脚点。

奇迹竟然出现了，玛丽安活了下来。她不记得自己摔倒后第一周里发生的任何事情。或许她也在内心创建了避难所。无论如何,经过高超的医疗技术治疗,在亲人和她丈夫的陪伴下,更为重要的是在她内在力量的促进下,她渐渐地恢复了身体功能和认知功能,也能想起孩子们的名字了。起初,她吞咽困难,味觉也失灵了。我试着给她做各种过去她喜欢吃的食物。有一天,她让我做特雷朋卡(trepanka)——土豆配德国酸菜再撒上捷克奶酪布林扎(brinza)。这是我在怀她的时候最想吃的食物。当看着她咬了一口并露出了微笑后,我可以断定,她的味觉一定会恢复。

在短短一年半的时间里,玛丽安就恢复得很好。目前,她已经能像受伤前一样工作和生活了,她拥有自己的力量,精力充沛,富有创造力和激情。

虽然在她的康复过程中,有很多事情超出了她的控制范围,也很难解释,有一些幸运的因素,但我知道,她为了让自己痊愈,确实做出了有利于康复的心理选择。在你精力有限、无比脆弱的时候,选择如何利用自己的时间就显得尤为重要。显然,玛丽安选择了像幸存者一样思考,把注意力集中在有利于康复的行为方面,倾听自己身体的声音来判断什么时间该休息,对周围支持她康复的人们表示感激之情。她每天醒来的时候,总会这样问自己:"我今天要做什么呢?我什么时候做康复训练呢?我会挑选哪个项目呢?我需要怎样关照自己呢?"

心态不是万能的，仅凭我们自己的态度不能完全消除障碍，也不能让自己变得更好，但是我们如何使用自己的时间和精神能量的确能够影响我们的健康。如果我们一直反感和抵触自己的体验，我们就无法成长并疗愈自己。相反，我们可以感激目前正在发生的可怕事情，尽力想到最好的方式与其相处。

我们在疗愈过程中必然会遇到挫折和复杂的情况。通常，脑损伤患者往往不太擅长做自己以往特别熟练的事情。玛丽安仍在努力复原被摔坏的神经系统。她站立或者走一会儿就会很累，恢复语言能力对她来说也很困难。除了最初几周的事情，她其他时间的记忆都完好无损，只是有时候不能用词语说出某些东西——她不记得自己曾旅游过的国家，有时候记不住自己在农贸市场购买的某种蔬菜的名称。她不得不重新学习处理以前应付自如的事情。她准备演讲时不能像以前一样只记住自己要说的三个观点。以前她的大脑能够自如地按照论点填补空白，而受伤后，她必须把演讲内容的每一个字词、每一个转折都记下来，才能顺利地进行演讲。

不过，很有趣的是，她做其他事情时更加灵活和富有创造力了。她一直是一名出色的家庭厨师，曾经是圣迭戈报纸上的美食专栏作家。摔倒后，她开始重新自学烹饪。在此过程中，她开始发明新的食谱，并对那些古老的工艺进行创新。现在，她和罗伯住在曼哈顿（Manhattan），但是夏天会回到我居住的拉霍亚(La Jolla)。这个夏天,她给我做了冷樱桃汤,那是她在一次聚会上为客人们做过的美食。她买了一串酸樱桃,读了两本古老的匈牙利食谱。她可能觉得食谱太古老了,所以没有按照食谱上的步骤操作,而是按照自己的方式制作美食——直接制作冷汤而不是加热后再冷却,再加入三种不同的水果。如果不是受伤以后不断地适应和调整,她可能还是会按照以前的方式做汤。恰恰相反,她接纳了自己的创伤,并采取了新的方式来指导自己的行为。她做的汤真是太美味了!

我也能从她的眼神中看出她的疲倦和沮丧,因为以前非常熟练的动作现在需要付出很多努力才能做到。不过,她也渐渐适应了各种变化。

"这很有趣,"她告诉我,"但我觉得自己在按照不同的方式理智地活着。"她的表情像小时候学会阅读时一样神采飞扬,"我告诉你实话吧,这很有趣,也很刺激。"

对有过相似经历的人而言,这种体验并不罕见。玛丽安的神经科医生告诉她,他治疗过的病人中有很多本来不擅长艺术,但在某一次脑外伤后突然喜欢上了绘画,而且画得非常好。损伤和重新联结的神经通路让很多患者发现了以前从未表现出来的才华。

有时我们的生活会被打断,有时灾难会阻止我们前进,但造成这种情况的东西有时也能催生出崭新的自我,成为向我们展示新生活方式的工具,赋予我们新的视角。这是多么美好的提醒。

这也就是我说"每一次危机,都是一次转变"的原因。可怕的事情发生之时,人们就像坠入了地狱。但这些具有毁灭性的经历也是重新组织自己的机会,让我们决定想要过怎样的生活。当我们选择用积极的心态回应所遭遇的不幸时,我们就会发现自己拥有的自由,也能把自己从受害者心态的牢笼中释放出来。

> 每一次危机,都是一次转变。

走出受害者心态型牢笼的关键

◎ 那件事发生在那个时候，请活在当下

请你回想童年或青少年时期遇到的或大或小的伤害性事件。请试着回想那个特定的时刻，而不是对那段关系或人生的大致印象。想象那个时刻，就像你重新经历了一次。注意自己的各种感官——你看到了什么？听到了什么？嗅到了什么？尝到了什么？身体在那一刻的感觉是怎样的？接着，请描述现在的你是怎样的。看着自己进入过去的那段岁月，握住年少时期的自己的手吧！引导自己离开那个令你受伤的地方，离开过去。请告诉自己："我在这里。我会照顾好你。"

◎ 每一次危机，都是一次转变

请给现在或曾经令你受伤的人或情境写一封信。详细地说明发生了什么、那个人做了什么，或者写出你不喜欢的具体事件。把这些都写出来。把那些行为、话语或事件怎样影响了你说明白。接着，再给同一个人或情境写另外一封信，只不过，这次要写一封感谢信，

对那个人或情境表达感激之情，感谢那个人让你学会了很多，或者那个情境推动你不断地成长。写感谢信的目的不是让你假装喜欢上自己不喜欢的人，也不是强迫你对过往的糟糕事情感到高兴。你要承认那些发生过的事情不正确或让你受伤，也要注意到，将角色从受害者转变为真正的自己的过程具备疗愈的力量——你是一位幸存者，一位有力量的人。

◎ 利用自己的自由

请给自己制作一个愿景板。你能在这个愿景板上一眼就看到自己想要过怎样的生活，想要创造什么。请从日历或杂志上剪下一些图片，任何吸引你的东西都可以。将图片和文字贴到一张海报或大纸板上。请打量自己制作的这个纸板是怎样的。（这是一个适合与好朋友们一起做的练习——当然也要配上一些美味食物！）把你的愿景板带在身边，让自己每天都能看到它，随时提醒自己朝着目标努力。

第 / 二 / 章　**逃避型牢笼**
　　　　　　奥斯维辛集中营里没有百优解

去感受自己，才能治愈自己。

Feel so you can heal.

玛丽安五岁时，我们一家住在巴尔的摩的一间小公寓里。一天，她哭哭啼啼地从幼儿园回了家。因为没有被小朋友邀请去参加生日聚会，她非常悲伤，情绪激动，满脸通红，脸颊上挂满了泪水。我当时不知道如何处理自己的感受，也不知道如何让她抱持自己的感受。在那段时间中，我完全否认自己的过去。我从不提及奥斯维辛集中营，甚至连我的孩子都不知道我是一名集中营幸存者，直到玛丽安上中学时发现了一本有关大屠杀的图书。她给爸爸看了那本书里的图片——人们因挨饿瘦骨嶙峋，遭受各种各样的折磨，无数人死在铁丝网后面。我的丈夫告诉她，我是一名奥斯维辛集中营幸存者。听着他跟女儿说起这些，我伤心极了，躲进了厕所里，不知道如何面对女儿的眼神。

当玛丽安流着泪从幼儿园回到家里，我看着她，她的伤心令我也感到难过和不舒服。我把她带到厨房，给她做了一杯巧克力奶昔，端来一大块匈牙利七层奶油蛋糕。吃甜点能让心情变得好些，这就是我的补救办法。我会让食物治愈自己的不适感。食物能解决我的一切烦恼。(特别是巧克力,最好是匈牙利巧克力配无盐黄油。做任何匈牙利食物时最好都不在黄油里放盐!)

我那时还不知道,让孩子吃甜食表面上能消除孩子的痛苦,但这样做的可怕后果是让孩子变得失能。我们在教导孩子有那种感受是错误的,或者是在提醒孩子有那种感受是可怕的。我们不知道感受就只是感受,没有对错。它只是你的感受,或者是我的感受。更理智的做法应该是,不要试图解释别人的感受,也不要试着让他们高兴起来。明智之举是,允许他们有自己的感受,陪伴着他们,跟他们说:"多跟我说说吧。"过去,我的孩子因为被嘲笑或被排斥而哭泣时,我常常对孩子说:"我了解你的感受。"那是谎话。事情没有落到你的头上,你永远不可能知道别人的感受。你可以对别人持有同理心,你可以支持别人,但不要把别人的内在感受当成你自己的。因为这只是换了一种方式剥夺别人的体验,会让他们一直困在那里,无法走出来。

我喜欢提醒我的来访者们:抑郁的反义词是表达。

你表达出来的感受不会让你生病,那些埋藏于内心的感受才会让你生病。

我最近与一位帅气的男士进行了一次对话。他一直为加拿大寄养系统的孩子们服务,帮助了很多因失去家人和安全感而悲伤的孩子。这些东西很多孩子从来不曾拥有过。我问那位男士工作的动力是什么,他给我讲述了一件他父亲患癌症期间的事。

他问父亲:"为什么你会认为自己患癌了呢?"

他的父亲回答道:"因为我从来没有学会哭泣。"

当然,影响人们健康的因素有很多,但当我们以为自己的悲伤和创伤是自己造成的,这种念头就会对我们造成很大的伤害。可以肯定的是,我们不允许自己表达或释放的情绪会被压抑在体内。无论我们抱持着什么情绪,它都会对身体机能产生影响。而且,这种影响会通过身体细胞和神经回路表达出来。在匈牙利语里,我们会说:"不要把愤怒憋在心里。"压抑自己的情绪并把它锁在心里会给你造成伤害。

从长远来看,用不去感受情绪的方式保护自己或别人是错误的。不过,我们中的大多数人从年幼时期开始就被训练要否认内心的真实感受——换句话说,要放弃真正的自我。例如,一个孩子说"我讨厌学校!",父母们就会说,"'讨厌'是一个强势的词语,这么说太过了""不要说'讨厌'这个词"或者"没那么糟"。如果一个孩子跌倒了,摔破了膝盖,成人就会对他说:"你没事儿的!"在试图帮助孩子从伤痛或困难中恢复、让孩子振作起来时,关心孩子的成人有时会弱化孩子正在经历的感受,或者无意中告诉孩子,有些东西是可以感受的,有些则是不可以感受的。有时候,改变或否定一种感受的暗示并不那么微妙,也许只是成人说的几句简单的话:"平静下来!放下吧!别当爱哭鬼了!"

孩子们往往不是通过我们说什么,而是通过我们做什么来学习的。如果成人在家里制造出不能表达愤怒的氛围,或者用不当的方式发泄愤怒,孩子们就会认为表达强烈的感受是不被允许的,或者是不安全的。

我们中的许多人习惯于反应,而不是对发生的事情做出回应。我们经常倾向于隐藏自己的感受——压抑情绪、吃药缓解或选择逃离。

我有一位药物成瘾的来访者。他有一天早上突然给我打电话说:"埃格尔博士,我昨天夜里突然想到,奥斯维辛集中营里没有百优解。"他的这句话令我沉思良久。他这样的自我药疗行为和服用必要的药物之间存在巨大差别,但他这句话说得很好。他自发向外界寻找逃避自己感受的方法,但陷入了对不必要的药物上瘾的陷阱中。

在奥斯维辛集中营里,我们没有来自外部的东西。不会停下来检查一下,没有办法麻木自己,没有办法忘记现实的折磨,没有办法不让自己饥饿,也没有办法让自己停止思考即将面对死亡这件事。我们必须学会观察自己和周围的环境。我们必须学会坦然处之。

不过，我不记得自己在集中营中哭过。我一心想着生存，我的感受是后来才体验到的。后来，当我出现各种感受时，我在很多年的时间里一直逃避它们。

可是，你无法治愈自己没有感受到的情绪。

战争结束30多年后，我作为美军一名治疗心理创伤的专家，被任命为战俘咨询委员会的成员。每当我到华盛顿特区去会见其他委员的时候，总会有人问我是否去过大屠杀纪念馆。我已经回过奥斯维辛集中营，重新站在我和父母被痛苦地分离的地方，站在我父母变成烟尘时飘向的那片天空下。我为什么要去大屠杀纪念馆参观奥斯维辛集中营或其他集中营的惨状呢？我曾亲身经历过那些事！我心里这样想。我为委员会工作了六年，但一直避免前往大屠杀纪念馆。一天早上，我坐在会议室里的红木桌旁，我的名字被刻在面前的一小块木板上。我意识到，那时是那时，此刻是此刻。我现在是埃格尔博士，我能战胜自己内心的恐惧了。

> 你无法治愈自己没有感受到的情绪。

但是，只要我躲避大屠杀纪念馆，只要我假装自己已经克服了对过去的恐惧，不需要再面对曾经的灾难，我内在的一部分就仍然困在那里，我的一部分就仍然无法自由。

于是，我鼓起勇气，前去参观那个纪念馆。在那里见到的每一幕都令我痛心不已。看到那幅1944年5月开往奥斯维辛集中营的火车的照片时，我的情绪如潮水般涌来，一时让我几乎无法呼吸。接着，我来到了那辆火车旁。那是一辆用来运输牲畜的德国旧火车的复制品，参观者可以进入火车，感受里面多么黑暗和狭小，也可以感受被人骑在脖子上是怎样的感觉。参观者还可以想象几百人分享一桶水或者用同一个桶处理排泄物的情景。想象一下，你整日整夜地挤在火车里，从没有休息的时候，唯一的食物是八个人或十个人共同吃的一条过期的面包，这是多么悲惨的情景。我瘫软在车厢外，整个人愣住了。后面的人们簇拥着我，非常礼貌地、安静地等待着我进入那辆火车。我久久不能迈出第一步——后来，我使出了全身的力气，鼓起勇气，先哄着一只脚，又哄着另外一只脚，穿过了那道狭窄的门。

一股恐惧袭上心头，我觉得自己快要吐了。我蜷缩成一团，父母在人世最后那几天的时光在我脑海中重现。铁轨上的车轮不停地转动。当年16岁的我还不知道要去奥斯维辛集中营，也不知道即将面对父母的死亡。我必须在那种不安和不确定性中存活下来。然而，幸存比我现在再次体验当年的感受还要简单一些。我现在必须去感受那些无比困难的时刻。这次我痛哭出来，在黑暗中痛苦地坐着，几乎感觉不到时间流动，也几乎没有注意到其他参观者走了进来，与我分享了黑暗，又从我身边走了过去。我在那里坐了一个小时，或者两个小时,我不知道过了多长时间。

最后,当我从那里走出来的时候,我感受到了自己的不同。我不再像以前那样感觉沉重,内心轻松了很多。我的悲伤和恐惧没有消失。每张照片上纳粹所用的符号、每一个党卫军军官冷酷的眼神都令我不寒而栗。不过,我允许自己重温和面对过去的那些感受,那些都是我多年来一直在逃避的感受。

为什么我们会逃避自己的感受呢?这其中包含很多原因:那些感受让我们感到不舒服,或者我们不认为那些感受应该出现,再或者我们害怕自己的那些感受会伤害别人,又或者我们害怕那些感受可能意味着什么——也许那些感受会暴露我们曾经做过或为了继续前行可能做出的选择。

不过,只要你在逃避自己的感受,你就是在否定现实。如果你试图把某件事情拒之门外,并说"我不想再想起那件伤心事",我保证,你一定会再次想起那件事。所以,请走近这种感受,坐下来陪着它,关注着它。然后再决定让自己抱持这种感受多长时间。你不是一个脆弱的小人物,学会面对现实对你有好处。请停止与自己的感受抗争,也不要再躲避。只要提醒自己,感受就只是感受,它不能决定你是谁。

> 感受就只是感受,它不能决定你是谁。

16年前9月的一天早上，卡洛琳独自一人在加拿大乡下的家里，她刚开始洗一大堆衣服，享受着能够独处的安静时光。突然，有人敲门。她从房子前面的窗户看到了丈夫的堂哥迈克尔。迈克尔和她同龄，40多岁。他过去曾有盗窃、犯罪和吸毒等不良行为，好不容易才洗心革面、重新做人。他最近和女朋友住在一起。卡洛琳和丈夫一直关照着这个亲戚，帮他找了工作，让他有了稳定的收入。迈克尔也成了这家人的常客，经常到家里陪着这对夫妻和卡洛琳的三个继子吃饭。

虽然卡洛琳很关心迈克尔，也为能帮他感到高兴，但有那么一秒钟，卡洛琳也很犹豫是否让他进门，想要假装自己不在家，打发他离开。她丈夫去了城里；家里的三个男孩结束了暑假，终于开始上学了。她不太希望迈克尔的来访破坏她三个月来第一个独处的上午。可是迈克尔是她关心的亲戚，而且他也依赖这个家。没办法，左思右想后，她打开了门，邀请迈克尔进来喝杯咖啡。

"男孩们都回去上学了。"当她把杯子和奶罐放在桌子上的时候，她提了一句。

"我知道。"

"汤姆也出去了,他会在外面待几天。"

迈克尔突然掏出了一把手枪,用枪对着她的头,命令她趴在地板上。卡洛琳跪在冰箱旁。

"你要做什么?"她问道,"迈克尔,你要做什么?"

她能听到迈克尔解开了皮带,然后拉开了牛仔裤的拉链。

她的嗓子干哑,心"咚咚"直跳。她知道不好的事情即将发生。她在大学里学过一些自卫课,学过遇到威胁时如何说出一些话自救。她叫着迈克尔的名字,谈论他的家人。她不停地说,尽力让自己情绪稳定,说着与迈克尔的父母、男孩们、家庭度假以及他最喜欢的钓鱼场有关的事。

"好吧,我不强奸你了。"他最后说道,声音听起来很随意。他好像还说了一句"我觉得我不会喝咖啡了"。

但迈克尔还是把手枪抵在卡洛琳的头上。她几乎看不到他的脸。他喝高了吗?他想要什么?他似乎早有预谋,知道卡洛琳独自一人在家。他想要强奸她吗?

"你想要什么就拿走吧!"卡洛琳说,"你也知道在哪里能找到你想要的东西,拿走吧,都拿走吧!"

"好。"他说道,"这正是我要做的。"

她感觉到他在移动,好像要离开。接着,他又一动不动地站住了,用枪顶着她的脑袋。

"该死,我不知道自己为什么这样做。"他说道。

一声巨响,整个房间似乎都在震动。卡洛琳只知道自己的头剧烈抖动,疼痛难忍。

她知道的下一件事是自己在恢复意识。她不知道自己在厨房的地板上昏过去了多久,她什么也看不到。她试着站起来,但地面上血液太多,她多次滑倒。

她听到地下室楼梯上传来的脚步声。

"迈克尔?"她喊着,"救救我!"

向刚刚朝她开枪的人求救没有任何意义,但这只是条件反射。他是亲戚,也没有别的人可以来救助她。

"迈克尔?"她又喊了一句。

又是一声枪响。第二颗子弹射进了她的后脑勺儿。

这一次,她没有昏过去,她选择了装死。她躺在地板上,尽力屏住呼吸。她能听到迈克尔在房间里四处走动的声音。她等待着,等待着,一动不动。她听到后门被关上了,但她还是躺在地板上。卡洛琳担心他在考验她、哄骗她,等着她站起来,再给她一枪。除了疼痛和恐惧,她更感到了愤怒。他怎么敢这样对待她?他怎么能让她这样死去?他想让孩子们放学后看到她的死尸吗？她下定决心，一定要在自己死前告诉别人谁是凶手，不能再让凶手去伤害别人。

终于，整个房间完全安静了。她睁开眼睛，但什么也看不到。子弹伤到了她的大脑，也可能伤到了视觉神经。她费力地爬过房间，直起身子，在厨房的吧台上摸索着电话。她找到了听筒，但每次她试着抓住它时，听筒总会掉落。等到她终于抓住了听筒，她才想起自己看不到电话键盘，没法拨号。她再次捡起听筒，再试一次。不过，她就是无法拨通电话。

她彻底放弃了，只能慢慢地爬行。她不知道自己爬到了哪里，也不知道该怎么办。每隔一段时间，她就能恍惚地捕捉到一丝亮光。她跟随着亮光来到了前门，然后爬出了门外。她居住在一片两万平方米的空旷土地上，离她最近的邻居也听不到她呼救，她不得不爬着寻求帮助。她爬到了公路上，沿着住宅区方向前行，发出尖叫引人注意。当她听到一个女人发出恐怖电影里那种令人毛骨悚然的叫声时，她知道有人看到自己了。很快，许多人跑了过来，大喊着替她叫了救护车。她听出了一些邻居的声音，但他们似乎没认出她是谁。她意识到，她的脸已经因为枪击变了形状，邻居们根本认不出她。卡洛琳的语速很快，说出了迈克尔的名字、车牌号、他出现在房间里的时间以及很多她能记得的细节。她担心自己没有机会告诉人们与凶手有关的更多事情。

"给我公公婆婆打电话,"她喘息着说,"让他们确保孩子们在学校的安全。请告诉汤姆和孩子们,我爱他们。"

卡洛琳记得父母、公婆和儿子们被带到医院和她告别,公公请来了天主教牧师,母亲也带来了英国国教的牧师。天主教牧师为她进行了临终告别仪式。

几周后,卡洛琳在公婆家休养,这位天主教牧师到公婆家拜访她。牧师说:"我从来没有见过做完了仪式还能回来的人,你是第一位。"

"从哪里回来呢?"她问。

"我亲爱的孩子,"他说,"你被抬到桌子上时,已经全身冰凉了。"

卡洛琳能活下来真是一个奇迹。

不过,如果你经历了一次创伤性事件,并从死神那里回到人间,你就会知道活着只意味着战斗刚刚打响。

暴力性事件往往会留下持久且可怕的后遗症。卡洛琳在迈克尔获得假释前几个月找到了我。那次枪击事件已经差不多过去快16年,而这留给她的心理创伤还是那么鲜活,仿佛刚刚发生一样。

"我们在电视上都看过类似的故事。"她说道,"一位遭受过创伤性事件的人回家时,人们会说'现在我们把她们带回家,她们就会感到安全,生活就能继续下去'。我看着丈夫说:'他们不懂。'他们这样说仅仅因为我还活着、要回家了,但我的生活却没有奇迹般地变好。任何遭受过创伤的人都需要很长的时间才能康复。"

在我看来,那场灾难给卡洛琳带来的主要后遗症是躯体损伤。她的脑部消肿后,视力也渐渐得到了一定恢复,可是视野上面、下面和外围的物体还是看不清楚。她的听力也不太好,手部和胳膊的神经受到了损伤。她感到紧张时,大脑和身体几乎无法密切配合,无法像正常人那样行动。她的感觉能力也比较差,四肢也不灵活。

那次灾难过后,她的家人和整个社区也都受到了影响。不论是认识的人、邻居还是朋友,每个人都开始提防熟人,这严重影响了人们彼此间的信任感。卡洛琳的小儿子(最小的继子)在事件发生时只有八岁,在很长一段时间里,他每天一有时间就来陪卡洛琳,不让她一个人待在房间中。她曾试着哄他去找哥哥们或其他亲戚玩,但他坚持说:"不,我要陪着你。我知道你不喜欢独自一人待着。"等到她能够行走、开车,能够单独做一些事情时,她的大继子就变成了她的保镖,总是在离她不远的地方守护着她,确保她没有伤到自己。很长时间以来,卡洛琳的第二个继子不敢接触或拥抱她,担心自己会弄伤她。

卡洛琳告诉我，她的有些朋友和亲人通过过分保护的方式来应对这次创伤性事件，而有些人则通过不把这件事放在心上应对这场灾难。

"人们谈论自己经历过的某次灾难时往往感到不舒服。"她说，"他们回避那件事，认为如果不谈起那件事就会远离它，好像那件事已经过去了，生活能照常进行下去。他们也可能把那件糟糕的事情称为发生在我身上的'意外'。可我才不是'意外地'撞到枪口上去的！不过，人们不想用'犯罪'或'开枪射击'这样的词汇来描述那件糟糕的事情。"

卡洛琳的公公，也就是罪犯迈克尔的叔叔，见过案发现场的惨状，在她出院后不能自理的三四个月间收留了她们一家。但即使是他，也会对别人说："卡洛琳会恢复正常，她百分之百能恢复正常。"

"他简直是开玩笑。"卡洛琳苦笑道，"不过，这样说能让我公公感觉好受些。"

无论怎样，她的生活现在恢复了平静。男孩们都已成人而且结了婚，其中两个已经有了孩子。卡洛琳和丈夫现在居住在距离迈克尔几千公里的美国某地，迈克尔也不可能跨过国境线对他们进行报复。然而，卡洛琳的恐惧还是无法消除。

"他是我们的亲戚，曾经住在我们家里。"卡洛琳说，"我们信任他。他对我说的最后一句话是'我不知道自己为什么这样做'。如果他自己都不知道为什么企图杀死我、伤害他的家人,那么会不会还有其他人会毫无理由地想要杀了我呢?"

卡洛琳告诉我,她大多数时候都很害怕,害怕有人会完成迈克尔没有完成的事情。她以前非常喜欢花园,但现在不敢独自去花园了。她总害怕有人会突然从她背后出现,伤害她,而她却不知道这人就在附近。即使是在房间里,她也高度警觉。如果没有拿着报警按钮,她就不敢四处走动。只有拿着按钮,有坏人出现时她才可以随时按响警铃。如果找不到按钮,她就几乎无法呼吸,只有找到了才能心安。

"有一段时间,我回到了自己被枪击的那幢房子里住着。"卡洛琳说,"我不会让他把我的家从我的手中夺走,我会把它夺回来。"

可是,住在那幢房子里太可怕、太痛苦了,她害怕得快要死了,于是他们搬离了那里,到美国南部生活。他们目前居住的社区附近有一个大湖,社区里的人们都很友好。每到周末,他们可以在湖里泛舟。即使如此,她还是感到害怕。

"我就这样胆战心惊地生活了16年,简直不是人过的日子。"她说。

她觉得自己被囚禁在过去那件惨案中无法逃脱,因此极度渴望自由。

在我们的交谈过程中，我听出她很有爱心、富有力量，也具备想要改变的决心。我也识别出，她的四种行为令她一直被困在过去的事件和恐惧中。

一种行为是，她为了改变自己的感觉花费了大量精力，试图让自己回避真实的感受。

"大难不死，必有后福。"她说，"我知道自己很幸运！我还活着，有很多人爱我。"

"是的！"我说，"的确是这样。不过，如果你感到悲伤，请不要试着让自己高兴起来。这对你没有好处。如果你认为自己应该有更好的感受，而不是像现在一样痛苦，你就会为此产生内疚感。请试着尽力体会自己的真实感受。这种感受或是悲伤，或是恐惧，或是难过，你只需要认可这种感受，不要迎合别人。别人不能替你生活，别人也不能体会你的感受。"

除了试图说服自己摆脱悲伤和恐惧，卡洛琳还身处极力避免别人受她的感觉影响的牢笼中。爱我们的那些人总希望我们过得幸福快乐，不想让我们受伤。所以，向他们展示他们期待看到的形象，总是在情理之中的。不过，否定或者弱化自己的感受只会造成反效果。

卡洛琳告诉我，自从发生了枪击事件，她和丈夫一直在养狗，可是最近他们的狗死了。她的丈夫不理解一只狗能让她的安全感得到多大提升,于是告诉卡洛琳,他需要一段时间才能接受家里再养一只狗。

"我真的很生气。"她说,"可是,我又无法告诉他缘由。'没有狗,我就会害怕独处。'这么说应该是符合逻辑的。可是,我又说不出口。我以为他能理解这一点——可是我又不想让他知道我还是提心吊胆、无比恐惧的。我也不知道为什么。"

我告诉她,她正在避免使丈夫感到焦虑和愧疚。她这样做也是在剥夺他的权利,不让他进入她的内心。她这样做是在剥夺他保护妻子的机会。

卡洛琳说自己对儿子们也是这样。"孩子们不知道我内心被囚禁的程度。我也不想让他们知道。"

"不过,你正在撒谎。对家人来说,你并没有展现全部的自己。你在剥夺自己的自由,也在剥夺家人们的自由。你处理自己糟糕情绪的方法正在变成另外一个问题。"

卡洛琳保护别人不被她的感受打扰,但这也是在避免对别人负责。

她持续被恐惧吞噬,给了迈克尔和过去的灾难更多力量。

"那会儿,我和丈夫刚结婚三年。"她说,"我们渐渐找到了家的感觉,孩子们愿意让我当他们的妈妈,自此开始新的生活。但所有的美好都被迈克尔打破了。"她咬紧牙关,攥起拳头。

"被他打破了?"

"他提前锁定我为侵犯目标,拿着枪进了我家,朝我的头部开了两枪,把我扔在那儿等死。"

"是的,他带了一把枪。是的,你为了活下来做了自己必须做的事情。不过,没有人能夺走你的内在活力,也没有人能替你做出各种回应。你为什么要给迈克尔更多力量呢?"

卡洛琳遭遇了极其暴力和恐怖的事件,她完全有权产生任何感受——愤怒、悲伤、恐惧和忧伤。迈克尔几乎毁灭了她的生活,但那是16年前的事了。即使迈克尔被假释,他也只是远在天边的威胁——他不被允许旅行,也找不到她,不可能跑到卡洛琳的新家来威胁她。但卡洛琳就是感到害怕。她把自己的力量给了他,让他带来的危险持续影响她的内心。她必须摆脱这些束缚,表达并释放自己的愤怒,不能让其进一步污染她的内心。

我告诉她,她可以在头脑中把迈克尔绑在椅子上,打他,对他大喊"你怎么能这么对我?"。对头脑中的那个景象大喊大叫,把怒气发泄出来。她说自己太害怕了,做不到。

"恐惧是习得的,你刚出生时并不知道恐惧是什么。别让恐惧占据你的生活。爱和恐惧无法共存。现在你已经受够了，不能再让恐惧伴随你了。"

"如果我对迈克尔大喊大叫，抽打他，那估计椅子上什么也剩不了。"

"他是一个病人，病人有着扭曲的想法。但你可以选择让病人的举动干扰你的正常生活多久。"

"我不想再这样担惊受怕了！"她说，"我很孤独。我封闭内心，不愿结交新朋友，不愿尝试新事物。我把自己的心关进了一个笼子。我的表情看起来紧张又焦虑，总是紧张得嘴巴发紧。我想我丈夫希望自己娶回家的那个快乐的妻子回来，我也是这样想。"

有时候，我们逃避的不只是不舒服和痛苦的感受，好的感受也被屏蔽掉了。我们不再感到激情澎湃，不再感受到愉悦和幸福。当人们受到伤害时，内心的一部分会认同施害者。人们会采取惩罚性的行为，从施害者的立场考虑，剥夺自己感觉良好的权利，也剥夺与生俱来的让自己高兴的权利。因此，我经常说，"昨天的受害者，很容易变成今天的施害者"。

无论你在刻意练习什么，只要经常练习，你就会成为那方面的能手。如果你练习紧张，你就会更紧张。如果你练习恐惧,你就会更恐惧。练习否认会导致你否认越来越多的真相。卡洛琳已经养成了偏执的习惯——开车不能太快,开船不能太快,不能去某个地方,不能做很多事情。

"不要总是说'不能''不能''不能'。"我告诉她,"你能做的事情很多,能有更多的选择,能让生活更加丰富多彩。你在扮演自己生活的主角,活在当下。集中注意力在你更在意的事情上,这和你的目标是一致的:什么能给你带来快乐?什么能让你高兴起来?"

> 不要总是说"不能""不能""不能",你能做的事情很多。

我告诉卡洛琳:"我希望你能练习运用自己的感官,看看自己正看着什么、触摸着什么、闻到了什么、尝到了什么。到了让自己大笑的时候了,到了让自己放松的时候了。"

"我还活着,"卡洛琳说,"我很高兴自己还活着。"

"这就对了!你每天、每分钟都要刻意练习幸福,注意你有多么喜爱与自己的内心对话。"

我教给她另一种自由练习方法。我让她写下发生了什么,然后带着铁锹到后院挖一个坑。"天气很热,"我说,"你大汗淋漓,持续挖掘,直到你挖出一个一米深的坑。把你写的那张纸埋起来,回到房间里,准备让自己重生,重新开始自己的人生。你已经把你的那部分遭遇妥善处理好了。"

一个月以后,卡洛琳写信告诉我,她回到了加拿大看望刚出生的孙子。她和丈夫驾车经过被枪击的那幢房子。他们住在那里时还是树苗的橡树和枫树已经长成了参天大树。房子的新主人给房子建了新的木质平台。她在信中写道:"不知怎的,我不再像以前那样感到痛苦了。"她因现在已经放下的那些遭遇而产生的悲伤已经淡去了。

这就是面对和释放过去的意义。"我们现在开车路过,我们已经不住在那里了。"

. . . .

当我们习惯于否认自己的感受时,我们就很难识别自己的感受,无法面对感受,不愿意表达出来,最后把所有的感受都压抑在内心,无法释放。混淆想法和感受的概念是我们被困住的一个原因。我经常听到人们这样说:"我感觉自己应该去市中心办点事儿"或者"我感觉高光很刺眼",这让我非常惊讶。这些都不是感受!这些都是想法,是你的点子,或者是计划。感受是具有能量的。你感受到了你的某种情绪,它正在你的身体中运行。你需要学会观察自己的感受,这需要你鼓起勇气,不去做任何事,只是简单地关注它,学会与自己的感受共存。

一天,我接到一个男人的电话。他的父亲患了癌症,正在与病魔做斗争。他问我是否能去看看他的父亲。我见过很多悲惨的事情，但这一家子遭受的苦难着实吓到了我。这位父亲坐在轮椅里，不能说话，不能吃东西，身体无法移动。他的妻子和儿子草木皆兵，不停地帮助他活动四肢、盖毯子，做任何能让他感觉舒服的动作，但这些都是徒劳的，病人的痛苦没有丝毫减轻的迹象。

我见到这种情景，也不知道怎么做才能帮助这个家庭。我安静地观察了一会儿，让病人的妻子握着丈夫的手，只是让她给丈夫一个吻。我握着他的另外一只手，与他对视。我从他的目光中看到了无力和无助。我和他的妻儿陪着他，不加任何评判，这让他能够体会自己的感受。我们一起学着与不适感共存。我们这样坐着，坐了很长时间。

四天后，那个男人给我打电话，告知我他的父亲去世了。我告诉他，我其实没做什么，无须感激。但他坚持说，我确实在极大程度上帮助了他们。可能得到试着关注当下的机会才是对他们有用的事。他们试着与家人、疾病和死亡共处，而不是不顾一切地改变现状。

我也受到了这个家庭的启发，做到了一些自己以前从来不敢做的事情。我讨厌被束缚，那会让我陷入恐慌。比如，我害怕做核磁共振，因为总是被绑带绑着很不舒服。不过，为了检查后背的问题，上周我决定不使用任何麻醉或镇静类药物做一次常规的核磁共振。

核磁共振仪器里面漆黑一片,空间狭小,而且声音又极大。我被放进那个仪器里面,噪音响起来。穿着单薄的病号服躺在冰冷的塑料垫子上,我感到了恐惧。"扑通"一声巨响,听起来就像炸弹爆炸一般,仿佛整个检测仪器被炸成了碎片。我以为自己会大声尖叫,使劲地踢束缚住我的绷带,但我暗暗对自己说:"越是听到响亮的噪音,我越是要让自己放松。"我真的做到了。在没有吃任何药物的情况下,我在仪器里面停留了40分钟。忍受不适的能力不是一夜就能养成的,但经过持续的练习,我终于造就了奇迹。

　　这种方法能让我们从逃避的牢笼中释放自己——我们允许自己产生各种感受,让那些感受贯穿自己,然后再让那种感受离开自己。

走出逃避型牢笼的关键

◎ 去感受自己，才能治愈自己

每天拿出一定的时间，检查自己的感觉。每天找一段空闲时间，比如坐下来吃饭的时候、在超市排队结账的时候、刷牙的时候，深呼吸，然后问自己："我现在的感觉是什么？"扫描自己的身体，寻找诸如紧张、麻痹、愉悦或疼痛的感觉，看看自己是否能识别出一种感觉，并给自己的感觉命名。不要带有任何评判的念头，也不要试图改变自己的感觉。

◎ 一切情绪都是暂时的

每天找一段时间观察自己的感受，并让这成为习惯。接着，在你出现了强烈的情绪（消极或积极）时，试着与自己的感受共处。如果可以，尽力远离那些使你喜悦、悲伤或愤怒的情境。安静地坐下来，调整呼吸。闭上眼睛，把手轻轻地放在膝盖或腹部上，这可能会有帮助。开始给自己的感觉命名，然后看看自己是否能定位身体里的感觉。好奇地打量自己的感觉。那个感觉是热的，还是冷的？让你放松还是紧张？让你痛心、焦躁还是悸动？最后，仔细观察感觉是怎样改变或者怎样消散的。

◎ 抑郁的反义词是表达

当你回避说出自己的感觉时，回想一下最近与朋友、伴侣、同事或家人的一次对话。现在为你的真实感受负责还为时不晚，表达你的真实感受也来得及。告诉与你对话的那个人，你正在回想你们的谈话，而且很乐意继续与他交谈。找一段你们都方便的时间，告诉他："我当时不知道怎么表达，但现在我明白了，我当时是这样想的……"

第 / 三 / 章　**自我忽视型牢笼**

与他人的所有关系都会走向终结

你拥有别人永远不会拥有的东西，
那就是你自己的一生。

You have something no one else will ever have.
You have you. For a lifetime.

被抛弃是人类最早感到的恐惧之一。因此,我们早早学会了如何获得三个"别人的":别人的关注、别人的喜爱、别人的认可。我们选择做某些事或成为某种人,只为了满足这种需求。问题不在于我们会做这些事情,而在于我们会重复做类似的事情。我们以为只有这样才能被别人爱。

把自己的生活全部交给别人是非常危险的。只有你自己能陪伴你一生,你与他人的所有关系都会走向终结。那么,你怎么才能成为自己最好的、实实在在的、无条件的照顾者呢?

我们在童年时期接收了来自父母的各种信息。不论是言语的还是非言语的,那些信息都塑造了我们的思想,让我们在心里认定了自己有多重要、价值几何。我们甚至可能带着这些信息进入成年世界。

布莱恩10岁时,他的父亲就抛弃了他。他成了那幢房子里唯一的男人,年幼的他努力照顾母亲,做一切能做到的事减轻母亲的负担、抚慰她的伤痛。当然,这也是为了避免母亲也离开他。这种照顾他人的习惯延续到了他成年后的生活中,因此他不断与需要被人照顾的女性建立关系。他很讨厌女人们总是让他做出牺牲,可又很难设立健康的边界。他以为,自己只有被人需要时才能得到爱。马修是我的另外一位来访者。他的母亲当年怀他时并没有打算要孩子。他的母亲一直觉得孩子是累赘,所以总是对他不理不睬,漠不关心。当父母们有压力、失望和不满的时候,孩子就得为父母的行为买单,并在之后的生活中持续受到影响。成年后的马修依然对被遗弃怀有极强的恐惧感,这种恐惧往往以愤怒的形式表现出来。他会虐待女友,在公众场所对别人大喊大叫,有一次,他甚至把一只狗从停车场的一头扔到了另一头。他非常害怕被抛弃,甚至把这种恐惧变成了一种自我实现预言。他会做出人们觉得不可理喻的粗野行为,让人们都躲得远远的,然后说:"我早就知道会这样。"为了控制对被抛弃的恐惧,他变得越来越可怕,几乎不认识自己了。

即使没有经历过促使我们为了赢得别人的爱和关注而不遗余力的重大事件或创伤,我们中的很多人也曾为了获得别人的认可而保护别人,或者在别人面前表演。也许我们渐渐开始相信,自己被别人爱戴是因为获得了某些荣誉、在家庭中扮演了某个角色,或者为别人提供了某些关照。

不幸的是,在激励孩子为他们自己的成长而做某些事时,很多家庭创造了一种"成就文化"。在这种文化中,孩子的"存在"与他们的"成就"纠缠不清。孩子们被教导得开始认为自己是谁不重要,表现得怎么样才重要。于是,孩子们承受着巨大的压力,为了好成绩而努力地学习,拼命练习体育、音乐,在大学入学考试中获得高分,在好大学获得文凭,并凭它在竞争激烈的行业找到一份高薪的工作。如果爱需要通过良好的举止和优异的成绩赢得,那这根本就不是爱,而是操纵。当家长过分强调成就,孩子就无法体会到无条件的爱。他们不会感到自己无论如何都是被爱着的、是自由的,可以犯错;他们也不会知道,所有人都在学习和成长的过程中,而且学习可以让人感到兴奋和快乐。

我的外孙乔丹是一位摄影师。他最近受雇到洛杉矶的一个工作室拍摄照片。那天,一位刚刚得了奥斯卡奖的导演也到场了。有人问导演把自己的奖杯放在了家里的什么地方展示,导演的回答出乎大家意料:"我不想让孩子一回家就看到那些奖杯,然后想'我得做些什么才能比得上呢?'所以我就把奖杯藏在了抽屉里。"乔丹给我讲这个故事时我大笑了起来,因为他的父亲也是一位成就斐然的成功人士。他的父亲,也就是玛丽安的丈夫罗伯,是一位诺贝尔经济学奖获得者。罗伯也把自己的奖牌藏在了抽屉里,就扔在开酒器旁边!

我们不需要在孩子面前隐藏自己的成功。不过,那位导演和我珍爱的女婿罗伯一样,都用了一种可爱的方式来表达他们获得的奖励和取得的成就并不能决定他们是谁。他们不会混淆自己是谁和自己做了什么。当我们把成就和价值混为一谈时，成就就会像失望一样成为孩子的负担。

玛丽安曾给我讲过一个甜蜜的故事。这个故事很好地提醒了我，我们可以选择将非同寻常的遗产传递给后代。有一个周末，我最大的曾孙（玛丽安的孙子）塞拉斯要到纽约看望罗伯夫妇。塞拉斯说："奶奶，我听说爷爷赢得了一个非常非常重要的奖项。"他吵着要看奖牌，于是玛丽安把奖牌从抽屉里翻了出来。塞拉斯看了很久，指着奖牌上铭刻的一行金字——罗伯特·弗莱·恩格尔三世（Robert Fry Engle, III），问道："我的中间名是弗赖（Frye），为什么上边刻的是弗莱？"玛丽安回答："好吧，你以为你的名字是从哪儿来的？"塞拉斯发现自己的名字来自爷爷的名字后非常开心。后来有一次全家人聚餐时，塞拉斯非常自豪地问大家："你们看到过我的奖牌吗？"他跑到屋子里，从抽屉中拿出奖牌，"看到了吗？我的名字在奖牌上面。我和爷爷都获奖了！"

生活在成功的压力下没什么好处，这会让人感觉负担沉重，觉得只有达到某个高度或获得某些成就才值得被爱。不过，我们祖先所具备的优点和能力也是我们自身的一部分，那也是我们的遗产，也是我们的奖牌。我们创造的文化不应该是自我扩张或自我贬低，也不应该是预期过高或预期过低，而应该是享受成就带来的快乐、努力工作带来的快乐。我们应培养孩子们的天赋,这不是因为我们必须这么做,而是因为我们可以这样做,因为每个人都被赋予了享受生活的天赋。

我的女儿奥黛丽和她的儿子大卫在用培养天赋替代满足过高期望方面教会了我许多。大卫很聪明,也很有创造力,他刚会阅读时就对足球明星过目不忘。我永远也无法忘记,在我和两岁的他一起看《绿野仙踪》时,他很快就推断出那个在暴风雨中骑车的是邪恶的女巫。他在高中时热爱踢足球、写歌词、参加合唱团,还创办了学校的第一个喜剧俱乐部,课余活动搞得风生水起,在一些标准化测试中成绩也比较高,但是考上名牌大学的机会还是比较渺茫的。因为大卫的成绩问题,奥黛丽和丈夫经常被请到学校。高中最后一年,大卫收到了两个不太知名的私立大学的录取通知书,但他却告诉父母,他还没做好上大学的准备。

在我们家里,接受教育一直是很重要的价值观。这主要是因为我和丈夫都因为战争错过了很多上学的机会。但是,奥黛丽没有让大卫难堪,也没有让他必须按照她的要求去做,而是耐心地倾听了大卫的诉求。奥黛丽打听到奥斯汀(他们居住的城市)即将开办一家音乐学院,于是告诉大卫,如果他能被那所音乐学院录取,他就可以不用立即去上大学,而是花一年时间主要学习音乐,学完一年后再考虑上大学的计划。

大卫听后非常开心，赶紧抓住机会，录制了一首原创歌曲的样带，顺利被音乐学院录取了。

大卫喜爱音乐，也擅长音乐，愿意在自己喜欢的事物上投入时间。在得到父母的支持后，他按照自己的方式和节奏全身心投入学习。他有了动力，精力也更加集中，这也为他后来选择自己喜爱的职业道路做了铺垫。当他拿着合唱团的奖学金进入大学的时候，他知道自己想要什么，也真的想去那所大学学习。他根据自己的爱好做出了选择，而不是迎合别人的期待。大卫后来拿到了新闻学学位，现在当上了体育记者，他喜爱这个职业。音乐一直是他的重要爱好，给他的生活带来了很多的乐趣。我为奥黛丽和她丈夫戴尔的教育方式感动不已，也很欣赏大卫表达自己真实想法的勇气和能力。孩子勇敢地对父母表达自己的真实愿望，而家长则欣然接纳并尊重孩子的选择。

我们经常被自己的期望或有特定的角色或职能需要我们承担的想法束缚住。在家庭生活中，孩子们经常被贴上标签：有责任心的孩子、爱开玩笑的孩子、叛逆的孩子等。当我们给孩子贴标签时，孩子们也就真的会按照你贴的标签做出相应的行为。当家庭中出现一个"好孩子"——成绩优异的孩子、好女孩或者好男孩时，通常会有一个"坏孩子"。我的一位来访者曾这样对我说：

> 我们经常被自己的期望或有特定的角色或职能需要承担的想法束缚住。

"因为我的弟弟小时候总是闯祸,所以我就表现得很得体,做个乖乖女,只有这样才能获得关注。"不过,标签不是真实的身份认同,那只是一副面具或者说是一个牢笼。我的来访者曾这样生动地形容这种情况:"我只能长时间装成乖乖女。真实的自己在伪装下不时冒出头来,想要逃离束缚,但所处的环境并不允许我那么做。"如果孩子只生活在别人对他的看法中,那么这个孩子的童年也就结束了。

我们不应把自己限定在一个角色或某个版本的自己中,而应认识到自己的内心有一个家庭。我们的内心有幼稚的部分,想要某个东西时就想简单、快速地立刻得到它;我们的内心有天真的部分,永远保持着充满好奇的自由心灵,不受条条框框的限制,遵从自己的直觉、愿望或一时兴起的念头,不会心怀评判、恐惧或羞耻感。我们内心住着一个少年,喜欢表现自己、承担风险、试探边界;我们内心住着一个理智的成人,会深思熟虑、制定计划、设立目标,并找到实现目标的方法;我们内心还住着一对家长,一个善良、慈爱,对我们满是关怀,而另一个则会挥舞着手臂,抬高嗓门大声地命令我们"应该做这个、必须做那个",让我们感到害怕。我们需要让内心的家庭融合成一个整体,只有这样,当我们的心灵获得自由时,这个家庭才能协同合作,家庭中的每个成员都受到欢迎,没有一个成员缺席,也没有一个沉默不语,更没有哪个张扬跋扈。

我内在的自由心灵让我从奥斯维辛集中营幸存了下来，但如果没有一位负责任的成人监督，我内心的小孩就会制造一些麻烦，这一点，我的外孙女瑞秋（奥黛丽的女儿）可以作证。瑞秋从小就喜欢做饭，有一天，她满怀热情地询问我是否可以教她做一道匈牙利的名菜。于是，我决定教她做自己拿手的匈牙利红椒鸡。与外孙女在厨房里忙碌是非常难得的天伦之乐，伴随着洋葱、黄油（很多黄油）和鸡肉的香味，我简直感觉自己身处美妙的天堂。但我的注意力很快就被我身旁瑞秋的父亲戴尔吸引了，他正在擦拭着舀过鹅油和各种香料的勺子。非常有耐心、不温不火的瑞秋开始变得恼火了。当我正要朝着锅里扔大蒜和辣椒粉的时候，她抓住我的手，大喊道："停！要是我想学会做这道菜，我必须称一下你放的这些调料，这样下次我自己做的时候才能知道放多少。"

我不想停下来，我喜欢凭直觉放食材，只是凭直觉掂量，不会称重，也不会制定计划。不过，我的这些方法并不适合刚学习做饭的瑞秋。为了把我的技巧和长处有效地教给孩子，我不能仅仅依靠内在的自由心灵，我还需要自己心灵家庭中理性的成人和充满爱心的家长才能使整个团队变得更加和谐。

瑞秋现在的拿手菜就是红椒鸡和炖牛肉，某天我打算做螺旋卷时，我甚至要打电话问她是加一杯水还是半杯水。她都不用看食谱，就不假思索地回答道："加半杯水！"

当我们认为能否幸存下来取决于自己扮演的特定角色时,平衡自己内在的心灵家庭就特别具有挑战性。艾瑞丝在与姐妹们和父母维持了几十年的不健康关系后,现在正打算摆脱自己多年来在家庭中扮演的角色。

艾瑞丝的父亲二战时服过役,他曾驾驶过的坦克在一次事故中爆炸了,当时还有人在里面。这件事之后,他离开部队,成了一名精神科护士。他不停地酗酒,患上了抑郁症,还伴有偏执型人格和精神分裂症。他的病情很严重,到他的四个孩子中最小的艾瑞丝出生时,他的大部分时光都是在医院里度过的。在艾瑞丝的印象里,父亲很聪明,敏感又才华横溢。她喜欢洗完澡后坐在父亲的腿上,让他帮忙梳理打结的头发。有时她会假装躺在沙发上睡着了,让父亲把她抱到床上。艾瑞丝觉得躺在他臂弯里的感觉实在太美好了。在艾瑞丝12岁的时候,父亲突然心脏病发作。救护车到达时,他的心脏已经停跳12分钟。医生用尽一切办法让他苏醒了过来,但他的大脑损伤严重,后来只能成为他工作的那家医院的常驻患者。在艾瑞丝18岁那年,父亲去世了。

从很小的时候开始,艾瑞丝就扮演着照顾者的角色。在她年幼时的记忆中,父母总是进行严肃的谈话,她能感受到气氛有多么紧张。她会打开门走进父母的房间,希望自己能缓和紧张气氛。她的父亲会搂着她把她抱起来,并说:"你是我的最爱,你从来都不给我惹麻烦。"

这个信息被艾瑞丝的母亲和姐姐们多次强化。为了在家庭的考场中成为"各科全A"的好孩子,艾瑞丝变成了负责、可靠、其他人能够依赖的人。艾瑞丝的母亲是一位吃苦耐劳又毫无偏见的人,她对别人行为中隐隐表现出的痛苦、羞耻和窘迫总是很敏感,在艾瑞丝父亲状况最糟糕的那些年默默付出,对他不离不弃。不过,在艾瑞丝青春期时,她精神崩溃了。多年后她生病时,曾对艾瑞丝说:"我感觉自己就像在汹涌澎湃的大海中,而你就是我的磐石。"

艾瑞丝和母亲的大多数沟通都围绕着姐姐们的事情展开。艾瑞丝的姐姐们生活得比较混乱,曾经遭受过性虐待、家暴,也有吸毒和抑郁自杀等问题。艾瑞丝和姐姐们都已经50多岁了。到了这个岁数,她仍然在不停地照顾着姐姐们,并与因此产生的复杂感情抗争。

"我被称为'幸运儿',内心有着强烈的责任感。"她告诉我,"我从小到大都没受到过虐待。我很小的时候,父亲住在精神病院里,那是他最疯狂的时期。我也从来没有想要结束自己的生命。我很幸运地嫁给了一位通情达理的男人,养育了三个出色的孩子。我有时候会因自己顺利的生活而感到愧疚。我为姐姐们的事情操碎了心,会因为自己不能帮她们更多而觉得自己自私。我有时候感觉自己精疲力竭,这可能是因为我要保证自己安全,当一个不会造成那么多问题的女孩,毕竟其他人的麻烦够多了。我也曾梦想着中彩票,给她们每个人都买一幢房子,让她们衣食无忧,安度晚年。也许这样我就能从自责中走出来。"

艾瑞丝长得很漂亮。她有着金色的卷发、蓝色的眼睛、丰满的双唇。不过,她说话时似乎心不在焉,目光闪烁,可以看出这种焦虑来自努力充当负责者的那段人生。艾瑞丝把自己囚禁在自己扮演的角色和身份中,为了让别人过得更好、为了减轻别人的负担、为了处理别人的大事小情、为了不惹麻烦,也为了证明自己是有能力的、负责任的,是家里那个独立的万金油,任何家庭成员有困难,她都会提供帮助。因为自己比妈妈和姐姐们生活得更顺利,她也让自己变成了内疚感的囚徒。她有着作为幸存者的内疚感。我怎样才能让艾瑞丝走出把自己当作一个有责任感的"好姑娘"并且期待自己能修复他人生活的生活模式?

我告诉她:"除非你开始爱自己,否则你不能为你的姐姐们做任何事情。"

"我不知道怎样做。"她说,"我今年几乎没有和姐姐们联系。虽然看起来松了口气,但我却感觉很糟糕。我很担心她们。她们一切都安好吗?我能再做更多吗?我能够多帮帮她们，这是事实。可是，如果我做得更多，这种帮助就会毒害我，消耗我大量的精力。所以我现在很混乱，不知道如何让生活继续下去。"

"我不知道如何重新建立联结。"她说，"我很纠结，因为我也想和姐姐们重新建立联结。但发自内心地说，我们不联系的时候我会过得轻松很多。这感觉真的糟透了。"

我希望她能放下愧疚和焦虑这两种情绪。"愧疚是因为过去，"我告诉她，"焦虑是担心未来。你唯一能改变的就是当下。不要由你来决定为姐姐们做什么。你唯一能做的事情就是爱自己，接纳自己。问题不是你有多爱你的姐姐们才算足够，你现在面临的问题是如何爱自己才算足够。"

> 愧疚是因为过去，焦虑是担心未来。

她点了点头，但我看到了她眼里的犹豫，她的笑容中隐藏了某些东西，仿佛一想到爱自己就不舒服，至少是不熟悉。

"亲爱的。专注于能为姐姐们多做些什么是不健康的思维。这种思维对你来说并不健康，对你的姐姐们来说也不健康。你这么做是在削弱她们的能力，你让她们形成了依赖你的习惯。你剥夺了她们当一个负责任的成人的权利。"

我指出，也许有需求的人并不是她的姐姐们，而是她自己。有时候，我们需要自己被别人需要。有时候，如果我们不去救人，我们就会觉得自己做得不好。可是，当你依赖被别人需要的感觉时，你可能就会跟一个酒鬼结婚。那些人不对自己的行为负责，而你却要对那些人负责。你在重新创建那种被需要的模式。

我告诉艾瑞丝："到了你应该嫁给自己的时候了。否则，你只会让糟糕的情况变得更糟糕，而不是变得更美好。"

她沉默不语，神情茫然。她说道："实在是太难了，我还是觉得愧疚。"

她想起小时候的事情。当时她们都小，她的大姐脾气暴躁，经常打人。当时，没人知道姐姐经历了性虐待。艾瑞丝每次从学校回到家都把自己锁在房间里，免得大姐来打扰她。她和二姐也曾央求父母："难道你们就不能让她消停些吗？难道你们就不能管管她吗？"有一天，大姐和父亲吵得很凶，把父亲推出了纱门。后来，她的父母把大姐送到了"女孩之家"，从那时起，大姐的生活就变得越来越糟了。

"我可能是父母送走她的主要原因。"艾瑞丝说。

"如果你想与姐姐们保持爱的关系，"我说道，"那么这种关系不能建立在彼此需要的基础上，而要建立在你们想彼此关照的基础上。所以，你能做出选择，你是选择愧疚还是选择爱呢？"

选择爱就是让自己变得善良和友好，同时，爱也是指向自己的，你也要爱自己。请停止过往的那些重复模式，请停止为不能挽救每一个不对自己行为负责的人而道歉。那也就意味着，你要对自己说："我已经做了我能做的了。"

"可是，想办法解决发生在我们三个人身上的事情，就像是我整个人生的任务一样。"艾瑞丝说，"因为我是整个家里唯一一个生活不困难的人，唯一一个能保持家庭和睦的人。如果现在不去帮助她们，我就会觉得过意不去。"

我与来访者的谈话有时以这个问题开场："你的童年是在什么时候结束的？"在你开始保护或者照顾别人的时候吗？在你开始扮演一个角色，不再做你自己的时候吗？

我告诉艾瑞丝："你成长得很快。你很早就扮演了成人的角色，很小就开始照顾别人，对别人负责。无论你为别人做了多少，你都感觉愧疚，总感觉做得不够多。"

她点了点头，热泪盈眶。

"那么现在，你必须做出决定：何时才能做得足够多呢？"

人们很难放弃为别人而活的老方式，很难找到建立爱和联结的新方式。这种新方式取决于人们之间的相互依赖，而不是一方对另一方的依赖；取决于爱，而不是需求。

在帮助来访者找到早期的思维模式时,我经常会问来访者:"你会不受节制地做某些事情吗?"我们经常通过某些物质或行为来疗愈自己的伤口:暴饮暴食、吃大量的甜食、酗酒、购物、赌博和做爱。我们也可以对有益健康的事物上瘾,比如喜欢上工作、锻炼身体或者节食等。可是,当我们渴望得到别人的认可、关注和喜爱时(那些我们从小就没有从别人那里得到的东西),任何事物都无法满足那些需求,无法填补内心的空虚。这就好像去五金店购买香蕉一样,你走错了地方,你想买的东西根本不在那里。然而,我们中的很多人却不愿意离开错误的商店。

我们有时候会对需要别人上瘾,有时候则会沉迷于被需要的感觉。

露西娅是一名护士。她对我说,她关注和关心别人的能力似乎是天生的,她总是问:"你需要什么?我能怎样帮你?"她和一个需求很多的男士结婚几十年了,帮他抚养他的孩子,也包括一个残疾的女儿。多年来,她一直被命令"做这个!做那个!"。多年之后她才开始思考"那我呢?在这种情况下,我是谁?"的问题。

现在,她开始变得更加坚定而自信了,停止了忽视自己的喜好和欲望。当然,有时候这会让别人反应强烈。一次,她拒绝从沙发上站起来去给丈夫做点心,这是她第一次设立与丈夫的边界。她的丈夫吼道:"我在命令你!"

她深吸了一口气,平静了一会儿,说道:"我不听从你的命令。你如果再用这种口气对我说话,我就离开这里。"

她也开始意识到,当她对别人的要求说可以的时候,自己腹部那种紧绷的感觉其实是一种信号,让她停下来并自问:"这真的是我想做的吗?如果我答应了,是否会有怨恨情绪呢?"

> 有时候自私反而是好事,它让你学会自我关爱和自我关照。

有时候自私反而是好事,它让你学会自我关爱和自我关照。

在玛丽安和罗伯的两个孩子林赛和乔丹还小的时候,这对夫妻曾答应给彼此独处的夜晚,让对方暂时远离家庭。每当玛丽安夜晚外出的时候,罗伯会在家照顾两个孩子,反之亦然。

一个周末,一位著名的经济学家从英国赶来,罗伯想听听他的演讲。可是,那天晚上到了玛丽安外出散心的时候。她已经提前购买了剧院的票,打算那天晚上和朋友一起去听歌剧,罗伯也早就答应回家照看孩子们。当他说在这么短的时间内不可能找到保姆时,玛丽安可以打电话给朋友,另外安排听歌剧的时间,并联系剧院把票换成另一场的。

我们总是能选择变通,灵活应对变化。但问题是,很多人遇到事情往往习惯于仓促调整或修改自己的计划。我们替别人承担了太多责任，让他们学会依赖别人而非自己，这也为我们滑入怨恨的深渊铺平了道路。

玛丽安吻了一下罗伯的脸颊，说道："亲爱的，你好像陷入了两难的处境。我希望你能把这件事处理好。"最后，罗伯带着两个孩子去听了演讲。两个孩子穿着睡衣在礼堂的椅子下面玩耍了一晚。

生活有时候需要我们顺其自然，有时候需要我们考虑别人的需求，有时候也需要我们调整自己的计划。当然，我们希望自己尽可能帮助我们所爱的人，能敏感地捕捉到别人的需求和欲望，能够具备团队合作能力和协调能力。不过，如果我们长期以牺牲自己为代价，如果我们一直在燃烧，或者一直充当一名帮助别人的殉道者，我们就会积攒很多怨气，那么慷慨就不再是慷慨了。爱意味着自爱，因为只有自爱的人才能真正地爱别人，才能对别人真正慷慨和富有同情心。

> 爱需要时间的累积。

我经常说爱需要时间的累积。因为我们的精神财富是无限的，而精力和时间却是有限的。如果你在工作或上学，如果你有孩子、有需要维护的关系或者朋友，如果你是一名志愿者，如果你在健身或者正在参加一个读书俱乐部，如果你正在参与一个团体或者常去教堂做礼拜，如果你正在照顾年迈的父母或其他需要被照顾的人，你的精力和时间往往会被耗尽，那么你该怎样在关照别人的同时关照自己呢？你什么时候休息或者给自己补充营养呢？你如何能在工作、爱和玩乐之间建立平衡呢？

··

有时候，关怀我们自己最难以做到的是寻求他人的帮助。我曾与一位儒雅的绅士约会过几年，他叫吉恩，是我跳摇摆舞的搭档。有一次，他必须住院几周，我每天都去看望他。他很愿意让我照顾他。我会握着他的手，给他喂饭。有人能够让你施展付出的才能是非常美妙的事情。一天傍晚，我和他坐在一起聊天，发现他在发抖。他承认自己确实觉得很冷，但考虑到不给别人添麻烦，他没有张口要毯子。为了不给别人添麻烦，他总是忽视自己。

我过去也是这样。我们刚刚移民到美国的那段日子里，我和丈夫带着玛丽安挤在巴尔的摩公园高地大道一所房子后面的小佣人间里。我们刚到这里时身无分文，连来美国的船票都是向别人借了10美元才买的。我们每天艰难地生活，经常食不果腹。在食物不够的时候，我经常把食物分给贝拉和玛丽安，自己饿肚子。只有食物足够多的时候，我才能吃到一些，这让我感到自豪。慷慨和同情是人类最重要的品质，可是无私并不会使所有人受益，因为它会剥夺别人成长的权利。

自力更生并不意味着你要拒绝别人的关心和爱。

奥黛丽在奥斯汀的得克萨斯大学上学期间曾回家小住，她所在的那所大学崇尚激进主义，也是进步分子的摇篮。一个周六的早晨，她推开我卧室的房门，看到我穿着高档睡衣躺在床上，贝拉正在喂我吃木瓜。

"妈妈！"她大叫出声。在那一刻，我让她感到恶心。她感觉我做作，而且依赖别人。我的行为冒犯了她，破坏了她心里有力量的女性应有的形象。

她没有看到我做出的选择。我选择尊重并欣然接受丈夫因照顾我而感受到的喜悦。每到周六，我的丈夫都会早早起床，开车跨越边境，到农产品市场给我买我喜欢的熟透的红木瓜。这让他感到快乐，同时，遵循这种惯例、接受他的付出也给我带来了愉悦感。我们让彼此感觉愉悦，也接受着彼此的给予。

- -

当你获得自由，你需要为真实的自己担负起责任来。你可以识别出自己过去为了满足某些需要而采取的行为模式和应对机制。你需要找回那部分不得不放弃的自我，变回那个过去不被允许存在的完整自己。你需要打破放弃自己的旧习惯。

> 打破放弃自己的旧习惯。

请记住：你拥有别人永远不会拥有的东西，那就是你自己的一生。

这也是为什么我经常与自己对话。我说："伊迪，你是独一无二的，你是美丽的人。祝你每天越来越像你自己。"

无论从情感还是身体上，我一改以往的习惯，不再否定自己。我很自豪自己成为一名难伺候的女人！我喜欢上了养生和按摩，也会定期去美容院做面部美容。虽然我知道这么做没有太大效果，但这会让我感觉良好。我喜欢美容。我也会定期染头发，不是只染一种颜色，而是同时给自己的头发染三种从暗到亮的颜色。我去百货商店的化妆品柜台，尝试用新的方法修饰眼睛。如果我没有学会培养内在的自我尊重，再多外在的护理也无济于事。不过，我现在对自己高度尊重，我爱自己，我知道认真关照自己的内在也能以关照自己外在的方式进行——用好东西奖励自己但不因此感到愧疚，让外表成为表达自己的途径。我也学会了接受别人的赞美。当有人对我说"我喜欢你的围巾"时，我会回答，"谢谢，我也很喜欢它"。

我永远不会忘记一次带着玛丽安去服装店购买衣服时的情景。她试了几套我为她挑选的服装后对我说："妈妈，镜子里的不是我。"她的评论让我大吃一惊。我担心自己养育了一个挑剔的女儿，也担心自己养育的孩子不懂感恩。但我更意识到，我养育的女儿有自己的想法，她知道什么样子"是自己"，什么样子"不是自己"，这对我来说是上天的恩赐。

亲爱的，请找到真正的自己，让自己变得更像自己。你不必为了被爱而去努力，你只需要成为自己。愿你每一天越来越像你自己。

走出自我忽视型牢笼的关键

◎ 只要练习，我们就会变得更好

每天至少用五分钟享受愉悦的感觉。早上的第一口咖啡、阳光照在身上的温暖，或者拥抱你爱的人时的美好。倾听自己的笑声，倾听屋顶上雨水的声音，闻一闻烤面包的香味。每天花些时间去关注和体验那些美好。

◎ 每天标记自己工作的时间、享受爱的时间和玩的时间

制作一个标注了你每天醒着多久的时间表，标记自己每天工作多长时间、每天享受爱（爱自己和爱别人）的时间和用于玩的时间（一些活动可能适合多个类别，如果是这样，把它算到所有适合的类别里）。然后算一下，自己在一周中用于工作、享受爱和玩的时间分别是多长。这三个类别能否达到平衡？怎样才能均分所有的时间呢？怎样才能分配更多的时间给用时较少的类别呢？

◎ **给自己一些爱**

回想一段时间或者最近一周之内有人让你帮忙时的情景。你是如何回应的？你的回应是否打破了以往的习惯？那么做很有必要吗？你有多想那样做呢？你的回应让身体有怎样的感觉？你的回应对你有益吗？现在，回想最近一周或者最近一段时间里，你请别人帮忙或想让别人帮忙时的情景。你说了什么？事情进展如何？你的回应对你有利吗？你今天做些什么可以变得更爱自己、关照自己更多一些呢？

第 / 四 / 章　**秘密型牢笼**
　　　　　　一个屁股坐在两把椅子上

诚实，从对自己说真话开始做起。

Honesty starts with learning to tell the truth to yourself.

匈牙利有这样一句谚语："如果你有一个屁股,却坐在两把椅子上,你就会变成一个半吊子。"

如果你正在过着双重生活,这种生活就会让你左右为难。

当你拥有自由,你就能活得真实,就能不跨坐在两把椅子——理想的自我和真实的自我——的间隙上,并找到自己的位置。你要学会坐在你自己的成就感这把椅子上。

罗宾来见我的时候,她的生活状态是"正在两把椅子中间挣扎",她遇到的难题是婚姻危机。为了满足丈夫的各种苛刻要求,她每天都精疲力竭,婚姻生活没有激情,乏味空洞。她总觉得自己需要戴上氧气面罩才能挺过糟糕的一天。为了追求快乐和逃避自己的婚姻,她有了外遇。

欺骗是一场危险的游戏,没有什么比寻找一位新的爱人更刺激了。躺在新的床上,不用讨论谁倒垃圾,不用考虑轮到谁开车载着拼车出行的人去踢足球。与新的恋人在一起不用负责，感到的只有快乐。但这种关系却只是暂时的。与情人交往了一段时间后，罗宾觉得自己变得很开心、很乐观，得到了滋养，也能忍受家里的现状了。这是因为她对感情和亲密关系的需求在别处得到了满足。可是好景不长，她的情人给她下了最后通牒，让她在丈夫和情人之间做出选择。

她不知如何是好，陷入困境，于是第一次找我做心理咨询。第一次咨询的时候，她反复比较两个让她很难做出选择的选项。离婚会让情人满意，但她的两个孩子就会受到伤害；如果不离婚，她的情人就会离开她，而那个人让她觉得自己被人珍视。她要么选择孩子，要么选择自己的幸福感。

但是，对她来说最重要的选择并不是与哪个男人在一起。她现在怎样对待丈夫——疏远、躲避或隐瞒秘密，以后也可能会怎样对待情人，甚至会以同样的方式对待其他与她保持亲密关系的人。想要摆脱这种情况，她首先要做出改变。她获得自由的关键不是选择正确的男人，而是找到方法让自己在任何关系中都能表达自己的欲望、希望和恐惧感。

不幸的是，人们的生活中经常出现类似问题。即使一段婚姻是因激情和联结开始的，这段婚姻也会渐渐变得乏味。日复一日，年复一年，人们在不知不觉中建造了一座牢房。影响婚姻关系的因素通常包括金钱、子女、工作、家庭或疾病带来的压力，而且，由于夫妻双方缺乏时间或技巧及时处理这些问题,烦恼、愤怒和受伤感会日积月累。一段时间之后,双方就更不愿意表达这些感受了。因为每次表达感受都会导致争执,气氛也会很紧张,所以双方干脆就会避免谈论和交流。在意识到婚姻出现问题之前,他们实际上就已经不再亲密了。他们对别人敞开心扉,让别人填补自己的缺失,这也是婚外恋出现的契机。

一段关系变得紧张不是一个人的错。两个人都做了错误的事情,让距离感和纠纷无法消解。罗宾的丈夫是个完美主义者,经常批评她,不断挑刺儿,很难被取悦。起初,罗宾没有意识到自己也在做一些有损夫妻关系的事情:逃离、躲到另外一个房间里或玩消失。这些做法中最糟糕的是把自己的不开心当成秘密隐藏起来。对罗宾来说,婚外恋是次级秘密,而最主要的秘密是她的感受,她对丈夫隐瞒了自己每天的情绪起伏、快乐与忧愁、渴望与悲伤。

诚实,从对自己说真话开始。

我告诉罗宾,如果她愿意,我可以一直对她进行心理治疗。但前提是,她必须暂时搁置这段婚外情,同时努力与自己建立起更诚实的关系。

> 诚实,从对自己说真话开始。

我教给她两个练习。第一个我称为"生命体征"。这种方法能让来访者快速感受到自己的体温,对自己体内的"气候"加以了解,并探明你给这个世界带来了什么样的"情绪天气"。即使不说一个字,我们也每时每刻都在与自己的内在进行交流,只有在昏迷时这种交流才会停止。我让她每天检查几次自己的身体,试着这样问问自己:"我的身体感觉温暖又柔软,还是冰冷又僵硬呢?"

觉察自己的身体频繁地变得僵硬、拘谨和封闭让罗宾不悦,但经过多次练习,她渐渐学会通过体验自己的情绪温度让自己变得柔软。此时,我开始给她引入第二个练习——"模式中断",即有意识地用其他行为方式替代以前惯用的行为方式。当罗宾感受到自己想从丈夫那里逃离或向他隐瞒什么时,她会有意识地努力不让自己逃跑。她会用充满爱意的目光,温柔地看着丈夫——她已经很久没有这样做了。一天晚上吃饭的时候,她甚至能温柔地抚摩丈夫的手了。

这是迈向亲密关系的一小步。想要重新建立关系,他们还有很多方面需要修复,但他们已经开始了。

只要我们隐藏或否认某些感受,我们就无法得到疗愈。那些隐藏起来或不敢提及的事情就像被关在地下室的人质,拼命喊叫以吸引我们的注意力。

我之所以知道这些,是因为多年来,我一直试图隐藏自己经历过的那些事情,并且隐藏自己的悲伤和愤怒。战后,我和贝拉带着玛丽安离开欧洲,来到了美国。我想变得正常,不想继续当那个饱经苦难的人,也不想让别人知道我是大屠杀的幸存者。到了美国后,我在一家服装厂工作,负责剪掉小男孩内衣上的多余线头,完成一打能赚七美分。我很少说英文,因为担心别人听出我的口音。我只想被别人接纳,融入他们,不希望获得别人的同情。我不愿意把自己的伤疤暴露在别人面前。

直到几十年后,我快要完成临床心理学的学习时,才意识到自己的双面人生带来的后果。我在治疗别人,却没有治愈自己。我是一个冒牌货。在外人看来,我是一名心理医生,而我的内心还停留在16岁,整天担惊受怕、浑身发抖、否认过去,过度追求成就和完美。

在我能够面对真相前,我的内心始终埋藏着秘密,这些秘密一直影响着我,压得我喘不过气来。

我的秘密也影响到了我的孩子们,至今我仍能发现这种影响在我从未注意到的不同方面的体现。在玛丽安、奥黛丽和约翰共同的儿时记忆中,他们感受到一种潜在而莫名的紧张感,这种紧张感与我在全球各地其他大屠杀幸存者的后代寄给我的信中读到的一样。

露丝的父母也是匈牙利裔的大屠杀幸存者。她告诉我，父母的沉默对她的成长产生了很大的影响。一方面，她有一个非常美好的童年。移民到澳大利亚后，她的父亲和母亲感到如释重负，变得外向开朗。他们会为自己取得的成就和收获的友谊而庆祝，因为能给孩子提供良好的教育、能送孩子去上芭蕾舞和钢琴课、能让他们在和平的环境中茁壮成长而快乐不已。这对父母经常这样说："我们真的够幸运，感谢主。"他们没有表现出丝毫的创伤痕迹。

不过，露丝的内在和外在体验却是分离的。她父母对当下的积极反应与对过往的避讳形成了鲜明的对比，这让她感到很焦虑。尽管露丝的生活平静而令她愉悦，她还是觉得有一种不祥的预感笼罩在心头。她感受到了父母从来不敢对自己提及的过往创伤和恐惧，这让她也形成了一种可怕的信念，总觉得可怕的事情即将发生。后来，她当了母亲，成为一名精神科医生。无论多么成功，她都有一种长期的恐惧感。她常常问自己："为什么我会有这种感觉呢？"即使她受到了精神病学方面的专业训练，也没有对她的状况产生积极的影响。

露丝最小的儿子19岁时要求母亲带着他和哥哥去匈牙利旅游，他想更多地了解已经过世的外公和外婆。随着全球右翼极端主义的崛起，他认为那些不了解历史的人必将重蹈覆辙，所以他觉得自己有必要了解更多历史。不过，露丝却犹豫不决。她年轻的时候也曾去过匈牙利，那次的经历给她留下了不好的印象,所以她不太愿意再次前往。

后来,她的一位朋友推荐给她一本书——《拥抱可能》。这本书给了她勇气和迫切的希望去面对父母的过去。她决定带着两个儿子一同前往匈牙利。

事实证明,和儿子们一同回顾父母过去经历的事情使露丝和儿子们都发生了极大的改变,也得到了疗愈。他们参观了一个犹太教堂里关于布达佩斯犹太人区中情况的展览。她第一次从照片中看到了父母曾经承受过的痛苦。虽然她的内心很难接受那些可怕的真相,但这确实对她的心理问题很有帮助,也给了她力量。她感到豁然开朗,也再次与父母产生了联结,明白了父母为什么不愿意提及过往。她的父母想要保护孩子,使孩子和自己都免受负面干扰。可是他们并不明白,隐藏或无视过往的创伤并不能保护自己所爱的人。保护自己所爱意味着付出努力治愈过往的伤痛,这样才不会适得其反地把创伤传递下去。当露丝直面家族的过去,她才感到自己的内心真正融合成了一个整体,真正探究到自己焦虑的根源,并开始释放焦虑的情绪。

我一直没有对自己进行疗愈,直到我在得克萨斯大学的同学送给我一本维克多·弗兰克尔的《活出生命的意义》(*Man's Search for Meaning*),我鼓起勇气读了这本书才得到了疗愈。我总是给自己找理由拒绝直面自己的内心，也找借口不看这本书。我总是告诉自己，我不需要读别人写的关于奥斯维辛的书。我就在那里，经历了一切！我为什么要再去体验一遍痛苦呢？为什么要再让自己看到如梦魇般的生活呢？为什么我要重新审视地狱呢？但是，有一天深夜，家人们都熟睡了，房子里一片寂静，我打开了这本书。出乎我意料的事情发生了：我觉得自己似乎找到了老友。弗兰克尔和我有相似的经历，我感觉他的文字直击我的内心。我们的经历不完全相同：他当年被关入集中营时30岁，是一位精神科医生；我只是一个练习过体操和芭蕾舞的16岁学生，正是每天都在梦想着找到自己的白马王子的年龄。不过，他对我们共同经历的描述对我的生活具有很大的启发作用。我看到了解决自己问题的希望，也为自己总是隐藏或不敢提及的秘密找到了出口，还找到了不再逃避或与自己的过去对抗的方法。他的那些话深深地打动了我，我后来也成为他的学生。他给了我勇气，让我面对自己的真实经历，让我有勇气说出自己内心的秘密，帮助我找回了真正的自我。

当我们不敢说出自己的秘密、否认自己的经历、不肯承认自己的遭遇或者假装没事来保守秘密的时候，我们就不可能疗愈自己，也无法从遭遇中真正走出来。

人们有时候会下意识地或出于不可言说的理由保守秘密，有时候别人会威胁我们或用武力让我们保持沉默。无论出于什么缘故,秘密都是具有伤害性的。保守秘密会形成一种羞耻的氛围,这种羞耻感也是所有成瘾的根源。人们只有面对事实并讲出真话才能活得自由。正如我会在下一章中讨论的那样,讲出真话才能让我们创造出爱和接纳的氛围。

走出秘密型牢笼的关键

◎ 如果你是一个"屁股坐在两把椅子上"的人,你就会变成一个半吊子

请把两把椅子靠在一起。请先从坐在一把椅子上开始,双腿放松。感受自己的脚踩在地板上的感觉,感受你的坐骨重重压在椅子上的感觉,感受自己的脊椎从骨盆延伸出来,感受自己的颈部连接着头部。从你的耳部到肩膀,让那里的感觉变得柔软和放松。请做几遍深呼吸,让自己吸气时尽力延长时间,呼气时也尽力延长时间。现在,移动自己的屁股,一半屁股坐在一把椅子上,另外一半屁股坐在另外一把椅子上;感受自己的脚、坐骨、脊椎、颈部、头部、肩膀的感觉。当你跨坐在两把椅子上的时候,你的身体和呼吸是什么样的?最后,请再坐回到一把椅子上,再感受自己的身体和呼吸是怎样的。你放在地面上的双脚感觉如何?你的坐骨感觉如何?请尽力挺直腰身,拉长颈部。你现在回到家了。在你重新调整自己并让自己内外一致的时候,也请感受自己的呼吸。

◎ **诚实从开始练习对自己说实话开始**

请尝试做做罗宾挽救自己婚姻的感受自己"生命体征"的练习，一天练习几次。请有意识地觉察自己的身体，测量自己的情绪温度。你可以试着这样问问自己："我现在是感觉温暖又柔软，还是冰冷又僵硬？"

◎ **在给你安全感的人面前讲出真心话**

积极参与一些团体或者"十二步骤"康复项目[1]能让你找到一个不错的地方讲出自己的真心话，或者从有相同经历的人那里学习。参加当地或线上的会议，那里都是与你有相同经历的人们，他们理解你的经历。你至少要参加三次类似的会议，之后再决定是否讲出自己内心的秘密。

1　"十二步骤"康复项目（twelve-step program）是在西方国家比较流行和有效的心灵治疗支援团体疗法，旨在帮助人们戒除酒瘾、烟瘾、药物瘾等瘾症。

第 / 五 / 章　内疚和羞耻型牢笼

除了你自己，没人会拒绝你

愧疚和羞耻感不是来自外部，
而是来自我们的内在。

*Guilt and shame don't come from the outside.
They come from the inside.*

我用了几十年的时间,才原谅自己还活着。

1969年,42岁的我从大学毕业。我当时是三个孩子的母亲,还是移民。我开始学习英语重返校园,这需要很大的勇气和他人的大力支持。最终我以优异的成绩毕业了!

不过,我没有参加自己的大学毕业典礼。我感到太羞愧了。

像很多幸存者一样,多年来我一直生活在愧疚和自责中。大学毕业那会儿,我和姐姐玛格达已经被解救出来24年了。但我仍然不能理解,为什么我还活着,而我的父母、祖父母和其他600万犹太人都被杀害了。在我眼里,即使是庆贺的场面也黯淡无光,我坚信自己是残缺的个体,不配拥有快乐,每次遇到倒霉事我都认为那是因为我的过错,认为大家迟早会发现我的内心是多么残破不堪。

区分内疚和懊悔是很重要的。内疚是认为某件坏事发生是你的错,自我责备。懊悔是对自己犯下的某个过错做出的适当回应,这种感受更接近悲伤。也就是说,懊悔意味着你知道过去的事情已经过去,已经无法挽回,允许自己为此感到悲伤。我感到懊悔,也能认识到自己经历的一切和我做出的选择,这一切把我带到了今天的境地。懊悔是当下的感受,这种感受可以与宽恕和自由共存。

不过,内疚却让我们被困住。内疚源于羞耻感,当你觉得"我不配"、认为自己不够好时,就没有什么是足够好的。无论你做了什么,你都觉得自己不够好。内疚和羞耻会让你无比脆弱,这两种感受是对我们自己的错误评估,是我们自己选择并陷入其中的一种思维模式。

对于生活中的各种信息,你总是能做出选择。有一次,我在一场会议上演讲,讲到一半时,一位衣着得体的男子走了出去。站在台上的我几乎僵住了,一系列负面的自我对话几乎冲昏了我的头脑:"我讲得不够好,我不配被邀请参加这次会议。我真的不够资格。"几分钟后,那位男子又打开门走了进来,坐回自己的位置。他可能只是去喝了口水或者去了趟卫生间,但我却把自己推上了断头台。

没有人天生就有羞耻感,但很多人的羞耻感来自生命早期。我最大的外孙女林赛上小学时被安排在"天才班"(这个概念我本人非常不认可,所有的孩子都是天才,是独一无二的钻石!),每当她跟不上别的孩子时,老师就会叫她"我的小车尾（拖后腿的）"。我亲爱的林赛牢牢记住了老师的话，她开始认为自己没有能力，不配进入那个班级。她准备退出那个班级，但我告诉她，不能让老师定义自己，不能接受老师给自己贴的标签。于是，她留在了那个班级里。多年后，当她开始撰写大学入学文章时，她用了这个标题："当车尾变成车头"。最后，她以优异的成绩毕业于普林斯顿大学。

我也是在很小的时候就感受到了羞耻感。我三岁时，因为一次医疗事故，我的一只眼睛变得内斜，有些斗鸡眼。在通过手术治好眼睛前，我的姐姐们经常拿我的眼睛开玩笑，她们编了首残忍的歌："你很丑，你很弱，你将永远找不到丈夫。"甚至我的母亲也说："你没有美丽的外表，但却有聪明的大脑。"这些都是我曾面对的负面信息，它们令我难以释怀。但最终给我造成困扰的不是这些来自家人的负面评价，而是我对这些话深信不疑。

而且我一直信以为真。

玛丽安和罗伯以及他们的孩子们一起住在拉霍亚时，我每个周一都去给他们做晚餐，有时候做美国菜，有时候做匈牙利菜。这是我每周的高光时刻，也是与孙辈们联结最紧密的时刻，让我感受到他们生活的一部分。有一天晚上，我正在厨房里忙着，炉子上的锅"噗噗"地冒着泡，火炉上的锅也"嘶嘶"响着。这时候，玛丽安回到了家里，她穿着美丽的丝绸套装，快步走进厨房，迅速从橱柜里拿出对应的锅盖盖到了每个锅上。我的心立刻沉了下去。我只是尽力在帮助家人们，尽力让大家开心，但她出现了，告诉我我做得不对，告诉我我不够好。我花了好一会儿才意识到，这种"我很失败"的信息并不来自玛丽安，而是来自我自己。为了抵抗认为自己残破不堪的想法，我尽全力做到完美，想靠自己的成就和良好表现摆脱羞耻感。不过，我们只是人，不是无所不能，也不是一无是处。我们是人，这意味着我们会犯错误。自由取决于接纳我们不完美的整体，放弃对完美的苛求。

> 自由取决于接纳我们不完美的整体，放弃对完美的苛求。

归根结底，我们要知道愧疚和羞耻感不是来自外部，而是来自我们的内在。我的很多来访者到我的诊所寻求帮助时都正经历着离婚或关系破裂的痛苦。

他们都因亲密关系的结束而悲伤不已，这段关系带来的希望、梦想和期待也落空、破灭和消弭，这更让他们伤心欲绝。不过，他们通常不会谈到痛苦。他们经常说的是"他拒绝了我"，但"拒绝"只是我们编造出来的一个词，它被用来表达我们得不到某个东西时的感觉。谁说每个人都应该爱我们呢？谁又规定了你一定会事事顺心呢？除了你自己，没人会拒绝你。

因此，你可以选择创造什么意义。一次，我的演讲结束后，听众们起立为我热烈鼓掌，一百多人排队和我拥抱。他们热泪盈眶地对我说："你改变了我的生活。"但是，有一位听众只是握了握我的手，对我说："您讲得很好，不过……"我可以选择对别人的话做出怎样的反应。我可以陷入不安之中，心想："天啊！我又犯了什么错误吗？"我也可以意识到，批评可能更多与提出批评的人有关，而不是与我有关——他们对演讲的期待过高，或者他们想要通过批评别人来证明自己更强大或者更聪明。我还可以试着问问自己："他的话中有没有有用的建议可以帮助我成长或提高我的创造力呢？"不论我接受还是忽略他的反馈，我都可以说："非常感谢您的意见。"然后接待下一位观众。

如果我们摆脱了羞耻感，我们就不会让别人的评价来定义自己。

最重要的是，我们能选择如何与自己对话。

请你用一天的时间来倾听自己内心的对话。请注意那些你正在关注的内容——你的话语中强调的部分。这些想法会影响你的感受。你有怎样的感受就会做出怎样的行动。不过，你没必要按照对话中提出的标准和要求生活。你不是天生就背负着羞耻感的。你真实的自我已经足够美好。你天生就有爱，具备乐观向上的精神，精力充沛且激情澎湃。你可以通过重写自己内心的剧本，重新拾起曾经的天真，成为一个完整的自己。

* * *

从记事的时候开始，就总有人在米歇尔走在街上时对她说："我愿意付出一切成为你。"她个头高挑、美丽骨感、事业有成、人见人爱。她具有一种温柔的亲和力，所有人都愿意与她亲近。然而，她的内心却不像外表这样完美无瑕，已经被折磨得奄奄一息了。

我在多年的心理临床实践中见过太多类似的案例：丈夫精明强干，妻子演技精湛——完美地扮演着"最出色的女主人"。妻子给别人留下善良大方的印象，但却不懂得照顾自己。丈夫也是一位演员，有别人在场时，他对妻子体贴入微、关怀备至，而私下里却像是她的老板或父母，告诉她该做什么、不该做什么，告诉她应该怎么使用金钱和时间。为了取悦、安抚丈夫，妻子接受他的专制，丧失了作为成人的一切自主权，让丈夫做所有决定。到后来，妻子甚至会放弃进食，因为这是她可以自主决定的唯一一件事。为了摆脱和减轻无力感，妻子在物理上减轻了自己——让自己的身体越来越瘦小。在最极端的案例中，妻子的身体拒绝任何有营养的食物，就算想要重新吃东西也做不到了。

米歇尔开始接受治疗时有着严重的进食障碍（一开始不是

由我治疗，而是当地一位非常出色的医生）。最开始她寻求治疗并不是因为厌食症，而是因为婚姻问题。她的丈夫经常对她不屑一顾、尖酸刻薄，让她觉得自己像是惊慌失措的孩子，面对着的是暴跳如雷的父亲。理智告诉她，她是一位坚强、成功的中年女性，不再是一个弱小的孩子了。可是，她的内心又很恐惧，不敢站起来和丈夫作对。当丈夫的暴怒开始让孩子们也担心和害怕时，米歇尔意识到自己应该寻求帮助了。

不过，想要站起来为自己说话，她首先需要面对自己内在的羞耻感——通过饥饿感压抑的所有痛苦。当她又开始进食的时候（我一般建议这一过程在医生的监护下进行，或者在接受专业的住院或非住院治疗时进行），她曾经被抑制住的所有悲伤和痛苦像潮水般涌现出来。她在童年期经历过性虐待，她的母亲对她很冷漠，与她没有任何情感联结。她的父母经常毒打她，更为糟糕的是，他们对她不理不睬、视而不见，根本不与她说话，仿佛她不存在一般。让自己回顾过往的那些恐惧和痛苦、重温自己的过去对她来说太过痛苦，她只能允许自己一次感受一小部分，然后让自己挨饿，再允许自己去感受，再让自己挨饿。这个过程也使她极度害怕被抛弃。

"我总是与那些我觉得关心我、能注意到我、能倾听我的声音、能接纳真实的我的人们走得很近。"米歇尔说，"我还是一个孩子的时候，给我安全感的是老师；等我长大一点，这个人是我的教授，然后是心理咨询师。我总是焦虑地依靠某人。

作为一名40多岁的中年人,从逻辑上讲,我知道自己是安全的,也知道自己是有人关照的。可是,我总是觉得自己又变成了八岁的小女孩,非常害怕会失去别人的爱,非常害怕我做的某些事会让别人不再关心我。"

请记住,你是唯一一个永远不会离开你的人。你可以从自己身上感受到被珍惜的感觉,你也可以学着珍惜你自己。

在接受了三年的治疗后,米歇尔取得了巨大的进步。她现在每天都会吃适量的健康食物,也不再过度锻炼了。每当丈夫的批评伤害了她,她会直接告诉丈夫自己的真实感受。她也学会了用正念的方法缓解自己的恐惧感,持续尝试释放内心的羞耻感。羞耻感一般会以如下三种有害念头的形式出现:"这是我的错""我不配""情况应该更糟才对"。

米歇尔告诉我:"我一直在思考为什么我没有按照别的方式去做。从逻辑上来讲,我知道发生在我身上的事情不是我的错,但我内心有一部分仍然挣扎着想要信以为真。"

如果你想掌控自己的思想,首先要检查自己正在做些什么,然后判断这种行为是赋予你力量还是削弱你的力量。在说任何话之前(尤其是对自己说出任何话前),你可以问问自己:"这个做法是善意的吗?是充满爱的吗?"

米歇尔在八岁时遭受了性虐待和身体伤害,她的童年在那时就结束了。这个时期正是大脑额叶开始发育、成长，逻辑思考力开始形成的时期。我们想要理解某些事情，可是总有某些事情是我们无法理解的。有时候，我们会对不是由自己导致或选择且完全无法控制的事情产生内疚感，这会使我们获得一丝能够掌控事态发展的感觉。

"别再为自己遭受的虐待找理由了，"我对她说，"试着善良地对待自己，选择一个目标，然后坚持下去。"

"哈！善良地对待自己，"她说着，低声地笑了出来，"善待别人总是很容易，但善待自己总是很难做到。从某些层面上讲，我觉得自己不配得到善待，认为自己不应该开心地生活。"

"你可以这样对自己说：'过去的我是那样认为的。'重新调试你的想法，你只需要两个字：'允许'。我允许自己快乐。"

她开始哭泣。

"宝贝，请找回你的内在力量。"

过去她不断地弱化自己的情绪，告诉自己事情原本会更糟糕。即使被父母用球拍责打，她也会告诉自己，起码父母没有用烟蒂烫她的手臂。

我告诉她摆脱自己语言中出现的"应该"，让语言变得更和蔼。"请调整你对自己说话的方式。"我说道，"承认你受到了伤害，然后选择自己能放下什么、能补偿什么。你习惯于弱化自己的痛苦,想要让自己也变得渺小。现在,你需要建立一种新的习惯。用善待自己替代羞耻感,让你与自己的对话中带有这样肯定的词语:'是的,我能''是的,我会''是的,我可以'。"

有一次我在美国中西部进行巡回演讲时,有一个家庭邀请我共进晚餐。食物美味丰盛,气氛也温馨愉悦。可是,当我夸奖那家的女儿时,妈妈在桌子底下踢了我一下。后来,在吃甜点喝咖啡时,这位母亲小声对我说:"请不要过分赞扬她,我不希望她长大后变得自负。"当我们尽力让孩子或我们自己保持谦虚时,我们也承受着贬低自己的风险,让自己小于完整的自己。是时候了,亲吻自己的手,对自己说一声:"小伙子,好样的!""姑娘,好样的!"

> 爱自己并不是自恋!

爱自己是让自己变得完整、健康和快乐的基础。勇敢地爱自己吧!这不是自恋。一旦你开始进行疗愈,你找到的不是新的自己,而是真正的自己。这个自己一直都在你身边,带着与生俱来的自由、快乐和美丽一直陪伴着你。

走出内疚和羞耻型牢笼的关键

◎ 你做到了

如果你经常怨恨或批评自己的某一部分,请试着这样做:想象自己变得非常小,小到能爬进你的身体里,向每个器官和身体的每一部分打招呼。如果你认为一切都是自己的错,那就温柔地拥抱你的心脏,拥抱受伤的部位,用一个拥有爱的自我替换它。告诉自己:"是的,我犯了一个错误。但那并不能说明我是一个坏人,我的行为并不能决定我是怎样的人。我是个好人。"如果你的创伤还停留在你的身体里,那就拥抱它,因为你已经挺过来了。你还在这里,你做到了。我的后背在战争期间受过伤,所以我经常呼吸不畅,我就总会想象自己去问候我的呼吸器官。请你找到自己身体中脆弱的部位,然后去慰问和善待它。

◎ 你关注的东西会变得越来越强大

请花费一天的时间倾听自我对话。你的自我对话里是否出现了"我应该""我不应该"和"是的,可是"?你是否告诉自己"是我的错""我不配"或"事情可能会更糟"？每天练习充满善意和爱意的自我对话，用它替代这些给你羞耻感和愧疚感的语言。每天早上起床后，走到镜子前面，对自己说："我是善良的。我是友好的。我是一个有力量的人。"接着，亲一亲自己的手背，对镜子里的自己微笑，对自己说："我爱你。"

第 / 六 / 章　**未解决的悲伤型牢笼**
什么还没发生呢?

悲伤不仅是一次性的痛苦遭遇,
悲伤会成为生活和关系中的一部分。

Grief isn't something you only do once.
Grief will always be a part of your lives and relationship.

一天，两位女士接连来到我的咨询室。第一位女士的女儿患了血友病。她刚从医院出来。看到孩子忍受病痛，她忍不住哭了整整一个小时，感受着自己的痛苦。第二位来访者来自乡村俱乐部。她也哭了一个小时，因为她的凯迪拉克已经交付，但车漆的黄色却不是她想要的那种。

从表面上看，第二位女士的反应似乎有些过头了，她太容易哭泣了。但实际上，小小的失望背后往往隐藏着巨大的悲伤。她感到失落不只是因为那辆凯迪拉克汽车，也因为她与丈夫和儿子的紧张关系。她的悲伤和怨恨也与她对家庭的一些愿望没有得到满足有关。

这两位女士提醒了我这份工作最基本的原则之一：期待落空是人们的普遍体验。大多数人遭受痛苦是因为拥有某些不想要的东西或者想要某些没有的东西。

所有的治疗都是一个痛苦的过程。在这个过程中，你会直面另一种人生，你不能得到想要的东西，还遭遇了出乎意料的事情。

这也是大多数士兵在战斗中面对的情境的缩影。在我的职业生涯中，我曾给很多老兵做过心理治疗。他们经常告诉我同样的事情：他们会在毫无准备的情况下突然被派到一个陌生的地方，而被告知的情况和最后体验到的事情往往完全不一致。

通常，痛苦与发生了什么事情无关，而与没有发生什么有关。当我的大女儿玛丽安穿着华丽的橙色连衣裙准备去参加她的第一场高中舞会时，贝拉对她说："甜心，玩得高兴些。你妈妈像你这么大的时候正在奥斯维辛集中营，她的父母已经死了。"听到这些话，我的肺都快要气炸了，一句话也说不出来。我的孩子们那时候已经知道了我是一名集中营幸存者，但他怎么能用我过去的遭遇让女儿有心理负担呢？他怎能用和女儿无关的事情毁了她美好的夜晚呢？这样做非常不公平，也完全不合时宜。

不过，更令我沮丧的是，他说的都是事实。我从来没有穿着橙色的丝绸连衣裙去跳过舞，希特勒打断了我的生活，也终结了几百万人的生命。

当我尽力避免感受自己的痛苦或者否认痛苦的时候，我是一名囚犯，一名受害者；当我抱持着自己的遗憾时，我也是一名囚犯，也是一名受害者。遗憾是希望自己能改变过去的

遗憾是希望自己能改变过去的事情。

事情。遗憾是人们不能承认自己无能为力、事情已经发生且自己无法改变任何事时的感受。

我内心里一直希望母亲在九岁那年能得到更好的指导,学会面对失去至亲的痛苦。当年,她早上醒来时发现躺在身边的母亲停止了呼吸,身体在夜里就已经变得冰凉。他们在当天就匆匆埋葬了我的外婆,没有时间哀悼。从我有记忆以来,我就知道母亲一直在与自己未解决的悲伤斗争。在外婆去世后,她立刻投入照顾弟弟妹妹的生活中,每天照顾一家人的饮食起居,看着父亲用酒精平息自己的痛苦和孤独。随着她长大嫁人,自己也变成一位母亲,她的悲伤和痛苦已经深入骨髓,早年丧失亲人的悲伤像笼子一样紧紧地箍在她的身上。母亲把外婆的画像挂在钢琴上方的墙上,经常一边做家务,一边和画像说话。我的童年记忆中有姐姐克拉拉练习小提琴的声音,也有母亲乞求去世的外婆给予她力量和支持的祈祷声。母亲悲伤时就像个四岁的孩子,需要有人不断地安慰和照顾她。愤怒、悲痛和无力感都是悲伤的一部分,人们全面地感受悲伤应该是好事,而我的母亲则困在其中,无法自拔。

当我们存在未解决的悲伤时,我们经常会活在强烈的愤怒中。

洛娜的哥哥经常酗酒。一天晚上,他去散步时遭遇了车祸，随后去世了。一年后，洛娜还在为哥哥的离世感到痛苦，无法接受哥哥已经去世这个事实。"我告诉过他，不要喝太多酒，不要喝太多酒！"她这样说，"为什么他就是不听呢？他应该帮助我一起照顾母亲的。他怎么能这么自私呢？"虽然洛娜的家人们都尽力了，但就是无法改变她哥哥酗酒的问题，他去世时也喝得烂醉。这都是洛娜无法改变的，而更让她难以接受的是无力感。

我的外孙们还小的时候，他们的一位同学某天下午骑车横穿马路时被车撞到，因此去世了。玛丽安被邀请与班级里的孩子们进行交流，帮助他们处理与失去同学相关的复杂感受。这些感受会迫使我们想到自己的死亡，意识到生命的脆弱。玛丽安做好了解决孩子们的悲伤和恐惧感的准备。孩子们对这起事件的反应让他们不堪重负，但这种感受不是悲伤而是内疚。"我本应该对他更好一些的。"他们说，"他本来可以在我家里玩，而不是自己去骑车。可是我从来都没有想过邀请他来我家里玩。"孩子们说出了很多可以阻止男孩死亡的方法，通过包揽责任寻求掌控感。可是，只要他们继续责备自己，就是在逃避自己的悲伤。

我们无法控制已经发生的事情，可是我们却希望自己能掌控事情。

解决悲伤意味着人们既要摆脱对不由我们决定的事情负

责的心态，也要接受我们做出的无法改变的选择。

玛丽安帮助班级里的孩子们把他们无力控制的选择和决定列举出来：那个男孩那天选择了骑自己的自行车；他自己做了路线规划；他骑行到街道上时是否注意到了十字路口开来的汽车；汽车里的司机是否注意到了他。玛丽安也帮助孩子们认清了自己所做的选择：过夜聚会和生日派对没有邀请那个男孩；总是戏弄他；搞恶作剧时总是拿他寻开心。这时，孩子们能做的事情是为已经发生的事情感到悲伤，或者为没有做什么感到悲伤，承认他们做了什么、没有做什么，并选择对此做出怎样的回应。把注意力更多地放在他们的行为怎样伤害、边缘化了别人上毫无用处，这些内疚感不会让那位去世的同学起死回生。但是，孩子们可以通过这次体验让自己变得更具有觉察力，在未来更加善良和富有同情心。

活在当下对我们来说是很困难的。我们要接纳过去和现在，并继续前行。20多年来，我的来访者苏每年都会在儿子去世的周年日来看我。她的儿子25岁时，用她放在床边抽屉里的枪自杀了。现在，他去世的年头已经和他活过的年头差不多长了，但苏仍然在治疗自己的伤痛。她至今仍然会时不时地被困在不曾停息的内疚旋涡中。"我为什么要持枪？我为什么没把那支枪藏好？为什么儿子找到了那支枪？我为什么如此不了解儿子的抑郁症状和他面对的问题？"她几乎无法原谅自己。

当然，她希望儿子没有去世。她渴望自己能够抹去所有导致他死亡的因素。她总觉得孩子的去世或多或少与她有关，是她造成的。不过，她的儿子并不是因为她有一支枪才选择终结自己的生命，也不是因为她做过什么或者没有做过什么而选择自尽。

不过，只要她仍然怀有内疚感，她就不用承认孩子已经去世的事实。只要她责备自己，她就不必接受儿子做出的选择。如果她儿子能看到她现在的痛苦，他可能会说："妈妈，我无论如何都会自杀，但我不想你和我一起死。"

为我们失去的人或事物哭泣、持续感受痛楚、让自己感受悲伤并认识到这种悲伤永远不会消失是一件好事。我曾被邀请去为悲伤的父母们演讲。在那里，他们分享了自己的记忆和照片，大家一起哭泣，彼此支持。我目睹他们用彼此联结、互相支持的方式感受悲伤，那种场面具有一种令人动容的美感。

我也注意到有很多方法可以指导他们在悲伤中获得更大的自由。例如，集会开始时他们会围成一圈，介绍自己和去世的孩子。"我失去了女儿，她自杀了。"一个人说完，另外一个人说："我失去了儿子，他当时才两岁。"每个人都用"丧失"这个词来描述自己的悲伤。

"可是，生命不仅仅与失去和得到有关。"我告诉他们。

生命也与庆祝有关，庆祝亲人的灵魂曾来到我们身边，陪伴了我们一些时光——有的短短几天，有的几十年——这些都能让我们释然。我们应该感激自己当下的悲伤和其中夹杂的喜悦，我们应该接受自己拥有的一切。

父母们经常会说"我宁愿为了孩子去死"。我听到这个团体中的几对父母表示希望自己可以替代孩子，那样他们的孩子就可以活着了。战争结束后，我也有过同样的想法。我宁愿牺牲自己，唤回死去的父母和祖父母。

可是，我现在知道了，与其代替他们死亡，不如为了他们好好活着。

我要为我的儿女、孙辈和曾孙们好好地活着，为了那些仍然活着的亲人们好好活着。

如果我们不能走出自己的内疚，不能与自己的痛苦和平相处，我们爱的人就会受到伤害，这种状态对已经去世的人也是不尊重的。我们要承认自己爱的那个人已经离我们而去，不要一次又一次地把逝者拉回来。我们应该让逝者安息，过好自己的生活。

索菲亚现在就活在强烈的悲伤中。

索菲亚的妈妈是一位充满活力的老师，也是一位著名的心理学家。她在50岁时获得了心理学硕士学位（就像我一样！），并且获得了维克多·弗兰克尔的意义疗法的认证（这点和我也很像！）——意义疗法能指导来访者发现自己生命和经历的意义。她70多岁时还在工作，出版了她的一本书。但没过多久，她的后背开始疼痛。在索菲亚的记忆中，母亲非常健康，很少生病，甚至连感冒都没怎么得过。但由于背部疼痛过于剧烈，她突然食量锐减，开始回避家庭聚会和社交场合。她去找医生看过，但没发现什么问题，于是她换了一位又一位专科医生看病，试图找出疼痛的根源。最后，一位胃肠科医生给她做了些检查，给出了诊断结果：第四期胰腺癌。一个月后，她就去世了。

索菲亚悲伤了一年，总是不停地哭泣。随着时间的流逝，她的悲伤和难过渐渐变得迟钝，她的痛苦不再像刚开始时那样鲜明和强烈了，不过她的心理状态仍然不稳定，在治愈和被困住的十字路口徘徊。治愈并不意味着必须抛弃痛苦，实际上，它意味着我们可以在受伤后保持自我的完整。虽然失去了至亲挚爱，但仍能找到生活中的幸福感和满足感。

"她去世得太突然了，"索菲亚这样说，"我完全没有时间准备，也有很多遗憾。"

"你感到内疚吗？你觉得自己可以做某些事情，但却没有做吗？"

"是的，"她说，"我的母亲身体总是很好。我根本没有想到她已经危在旦夕了。她不吃东西的时候，我对她大发脾气。我只是想帮助她，但却不知道那是她生命的最后时光。如果知道这一点，我一定会好好对待她的。"

她被两个字困住了："如果"。"如果我知道她快要去世了会怎样呢？""如果我知道自己马上就会失去她会怎样呢？"可是，"如果"不能赋予我们力量，它只会消耗我们。

我告诉索菲亚："今天你可以对自己说，'如果我当时知道现在所知道的，我就会按照不同的方式去行动。'让这句话终结你的内疚感。你要转变自己的内疚感，这是你要为母亲做的事。你只要对自己说：'过去的我是这样的。现在，我会开始学习珍惜与母亲的回忆，没有人能够带走那些宝贵的回忆。'你和母亲共度了34年的美好时光，你不会再有这样一位母亲了，也没有任何一位治疗师能比得上你的母亲。所以，请学会珍视你母亲的品格，缅怀你们在一起时的那些美好时光，不要再把时间浪费在内疚上，因为内疚永远不会产生爱。"

内疚会阻碍我们欣赏那些美好的回忆，也会阻止我们完全地活在当下。

"当你心怀内疚时，你就不能允许自己玩乐，也不让自己与别人产生亲密联结。"我告诉索菲亚，"这是在玷污那些美好的东西。想一想，在母亲还在世的那段日子中，你每天在医院给母亲吹干头发,尽力帮她找回体面和优雅;她走得很快,没有遭受长年累月的病痛折磨和丧失身体各项机能的无力感。"

有时候,我们会觉得自己过多的笑容代表对逝者的不敬,过多的玩乐代表对逝者的抛弃,过多的喜悦代表对逝者的遗忘。

"不过,你应该与丈夫跳舞,"我说,"而不是坐在房间里为母亲的离世哭泣。所以,每当你感觉到内疚的时候,请摆脱脑海中严厉父母的声音,比如'你本该如何,你本来可以如何,你为什么不那么做呢?'。如果你的母亲现在坐在你的旁边,她会告诉你什么呢?她会希望你怎样呢?"

"我的母亲一定希望我的姐妹们和我都是快乐的,希望我们享受充实的生活。"

"你可以把这当成礼物送给母亲。享受充实的生活,过值得庆祝的日子。你的整个人生就在你的面前,我看到她对你眨了眨眼睛,鼓励你前行。所以,请为了你的丈夫和姐妹们,摆脱内疚,彼此关爱。当你活到92岁时,你可以想想我,想想在你珍视的母亲去世后,你怎样决定重新开始充实的人生,又是怎样决定不再当任何环境的受害者。现在,你要做的就是给母亲一个礼物:放手,释然。"

痛苦包括很多层面和形态：悲伤、恐惧、解脱、幸存者的内疚感、对自己存活下来的质疑、安全感减弱和脆弱感。我们对整个世界的认知被打破，需要重新建立。有一句格言说"时间能疗愈一切伤痛"，但我不赞同这个观点。疗愈伤痛的不是时间，而是你在这段时间里做的事。

有时候，人们会以保持一切一成不变的方式消解悲痛，比如让自己的工作、日常生活和人际关系保持不变。不过，当你遇到了比较大的变故，所有事情都不能按照以往的秩序进行了。悲伤可以让我们重新审视自己做事情的优先顺序，重新决定哪些事有更高的优先级：将喜悦和人生目标重新连接起来，重新承诺做好当下的自己，拥抱生活给我们指明的新方向。

> 悲伤可以让我们重新审视自己做事情的优先顺序。

现在，我要讲讲丹尼尔的故事。

正如我们每个人都可能经历悲伤，悲伤也敲开了丹尼尔的门。但是，丹尼尔不满足于随波逐流地生活，不想一遍又一遍地重复同一件事情。他准备改变行为模式，找回自己的力量。

正如他所认为的那样，"当一个人遇到令他极度悲伤或失望的事情时，那个人必须做出选择，是继续以相同的方式生活,还是换一种更好的方式,做出改变"。

丹尼尔的故事一开始是一个爱情故事。他18岁那年遇到了崔西,两人都是加拿大原住民的后代,在大学里共同学习环境科学和土著研究。他们有共同语言,成为彼此的好朋友,总有聊不完的话题,能一起聊几个小时都不觉得累。和对方在一起时,两个人都感到轻松和快乐。

不过,丹尼尔现在却认为,"我们有很多应该谈的话题,但我们当时没有谈论"。

两人结婚时,丹尼尔25岁。他30岁的时候,他们的儿子约瑟夫出生了。他们跨过了整个国家,来到崔西的家乡。这时,事情开始有了变化。崔西的学术和职业发展蒸蒸日上,她取得了硕士学位,开始攻读博士学位,她成了一位受人尊敬的环境学家,也是备受人们追捧的顾问。可是,崔西家乡那些她已经摆脱了的阴云又重新找上了她,社区中猖獗的酗酒问题、药物成瘾、毒品、暴力和死亡使她困扰不已。她重蹈覆辙,把原生家庭中的暴力虐待带到了自己的家庭中。她的状况变得一团糟,经常醉酒或暴怒。最终,丹尼尔选择与她分开,当时约瑟夫只有两岁。

他们尽力互相尊重,共同抚养孩子,共同分担监护权,尽力不在儿子面前吵架。但是,崔西的生活越来越动荡不安。崔西驾照被吊销了,丹尼尔猜是因为酒后驾车。有几次,丹尼尔把儿子送到她那里时都紧张不安，因为他觉得崔西似乎嗑了药。他把自己的担心告诉了崔西，她只是说自己有棘手的个人问题需要处理，但都在控制范围内。

有一次，丹尼尔担心妻子，就把约瑟夫留在了家里让保姆照看，自己去找崔西，最后在一个亲戚家找到了她。她喝了很多酒，正在睡觉，以消除宿醉。崔西清醒后有些心烦意乱，看着坐在床上的丹尼尔，哭泣着告诉了他自己小时候的遭遇。崔西12岁时遭到了自己家庭成员的性侵和虐待。她18岁时曾向父母控诉他们的过错，但她母亲只是沉默着，面无表情；而她父亲则打了她一巴掌，责备她，说一切都是她的错。丹尼尔为此感到震惊。他知道妻子的童年过得很凄惨，她和兄弟姐妹们经常被父亲打骂，可是他从来没听妻子提起过性侵的事。崔西的自白让他知道了妻子承受着怎样的痛苦，但也让他有了更多的担忧。他告诉妻子："从现在起，我不能把儿子放到会对儿童做出那种事的人身边。我要定新的规则。在把这些问题说清、解决之前，你不要联系你的父母。"崔西同意了。可是，一个月后，她提出了离婚。一年后，她让自己的父亲来照看儿子。丹尼尔知道这件事后，把崔西告上了法庭，并获得了孩子的完整监护权。

带着崔西的祝福，丹尼尔搬到了离自己父母更近的地方。他们计划让崔西也搬到附近，这样她就可以经常看到约瑟夫了，也能远离虐待和酒瘾，有希望过上正常人的生活。在此期间,丹尼尔经常带着约瑟夫去看望妻子,她有时候也来看望他们。她像一个幽灵一般,精神恍惚,黑眼圈很重,似乎昏昏欲睡、焦虑不安。但是,当丹尼尔表示关心的时候,她却不屑一顾,脸色阴沉,满眼的茫然。

后来,她失踪了。

没人知道她具体是哪天失踪的。有人说曾看到她和一个毒贩在一起。约瑟夫最后一次见到妈妈时只有五岁。

"真是令人难以置信。"丹尼尔告诉我,"这真是太令人震惊了。她是一位有成就的女人。在环保领域,她的社区会寻求她的帮助。我一直认为她是个挺好的人。我现在回首往事的时候,发现她后来的很多问题早就隐藏在表面的成功之下,从来没有得到妥善处理,都堆积在了一起。"

丹尼尔感到悲伤,他失去了最好的朋友、一生的伴侣、完整的婚姻和共同育儿的伙伴。他深陷悲伤之中,而且总有不祥的预感。崔西走得突然,而且永远消失了。没有人知道为什么。她成了美国和加拿大无数失踪或被谋杀的原住民妇女之一。据统计,她所在的地区原住民妇女的被谋杀率是全国平均水平的十倍。

丹尼尔觉得自己好像在一扇旋转门里不停地旋转,不停讲述着自己如何辜负了崔西。他回想起自己说过的每一句伤害她的话，做过的或参与过的每一件伤害她的事，以及每一次他本该意识到她有多么孤独和彷徨时的情景。丹尼尔吃惊地发现，崔西的失踪也激起了他内心更为久远的悲伤情绪。他没有意识到，有些事情已经在他的内心里溃烂，伤口从未愈合。丹尼尔还是个孩子时不知如何接纳自己，他在学校的时候经历过种族主义者的不合理对待。他憎恨自己，甚至想过自杀。他从未成功地向周围的人表达自己的想法或设立边界。以继续生活和进步的名义，他被教导要强硬，要有毅力，要孤立自己、关闭自己的感受。现在也一样，怀揣善意的人们告诉他要坚强，做个男人，上帝是有安排的，他的妻子一定在一个好地方。

也许这些人说得对。但是丹尼尔说："但是，他们不能帮助我摆脱痛苦，也无法让我得到安慰。"

三年来，悲伤几乎把他逼得走投无路。

"我能继续工作，也能让自己大笑，我的各项身体机能也都正常。"他说，"但我大部分时间里都浑浑噩噩。"如果他遇到了不顺利的事情，他会在数周或者很长时间里都觉得难过。最可悲的是，他没有办法帮助儿子约瑟夫处理情绪问题。

他总觉得问题无法解决，自己的余生都会活在抑郁中。

不过，以上的不合理信念只是针对他自己的，他不希望儿子也过这样的生活。他对儿子的爱是他获救的关键,是让他发生改变的催化剂。

为了更好地指导儿子,丹尼尔开始阅读很多关于悲伤的图书,阅读也让他开始乐于表达。他开始接受心理治疗,并在治疗过程中发现了新的职业方向。他完成了悲伤治疗资质认证,对未来的生活做出了美好的设想。尽管他不知道怎样才能过上想要的生活,但仍然毫不动摇地坚信这种生活能够实现,期待自己实现人生目标。

现在,丹尼尔就职于一所家庭与儿童服务机构,也负责为公立学校的男孩们进行悲伤疏导,为很多两三岁时就失去亲人的儿童以及青少年提供咨询服务。他说,很多时候,应对悲伤的重点在于沉默,给自己空间。他有时会陪着孩子们散步,去野外露营、点燃篝火,或者只是在麦当劳安静地坐着。

"我目前的职业让我不断地进行实践,帮助别人走过我曾走过的那片黑森林。"他说,"我总是在自我反思,不断地关爱自己。我把崔西留在心底,时刻留意自己在哪里,在做些什么。"

从我的个人经历来说,悲伤可以帮助我们找回完整的自己,也可能让我们的内心四分五裂。无论如何,悲伤都会永远地改变我们。关于悲伤如何指引我们朝着积极的方向前进,丹尼尔是一个很好的榜样。

丹尼尔的故事告诉我们，悲伤不仅是一次性的痛苦遭遇，悲伤会成为生活和关系中的一部分。随着约瑟夫渐渐长大，丹尼尔必须再次面对如何与儿子谈论崔西的问题，有些问题永远不会有答案。

有些事情你永远不会理解，也请不要试图去理解。

这件事或那件事为什么会发生？为什么没有发生？我为什么到了这种境地？我为什么这么做？原因有很多。悲伤会驱使我们弄清什么是自己的事情，什么是别人的事情，什么是上帝的事情。

当奥斯维辛集中营的监狱头子指着火葬场里冒出的黑烟对我说"你现在应该用过去式谈论母亲"时，我的姐姐玛格达告诉我："灵魂永不灭。"她是正确的。当我前往一所学校演讲的时候，我知道自己在做什么，我做这件事情是出于对父母的爱，这样做让我对父母的记忆永远鲜活，让人们从历史中学习，不让悲剧重演。

我会和自己故去的父母对话。我并不像母亲那样乞求外婆的庇佑，而是在心中留下一块空位，让他们的精神存活在我的内心。我让他们见证我所取得的成就，让他们见证我的幸福和充实，让他们看到自己给这个世界留下了什么。

我遗传了父亲对服装的时尚品位，每当我穿好衣服，我都会对他说："爸爸，看看我！您总说我是这个城里最会穿衣服的女孩。"每当我把自己精心打扮一番，每当我感到满意和知足，我都是在赞美父亲。

我对母亲表达感恩之情。我感恩母亲给了我智慧，感恩她教会我如何找到自己内在的力量。我甚至要感谢她对我说过的话："你没有美丽的外表，但却有聪明的大脑。"哦！谢谢您！妈妈，您尽了自己最大的努力。感谢您拥有力量去照顾酗酒的外公，努力工作养活自己的家人和我们姐妹三人。感谢您让我勇于发掘自己的内在力量。我爱您！我会永远爱您！

悲伤是件困难的事情，但它也能让你感觉良好。你可以重新体验自己过去的悲伤，你甚至可以拥抱悲伤。你不会再被它困住了。你现在就在这里，你现在足够坚强了。

你能渐渐接受已经发生的事情，以及以前无法接受的痛苦。你可以不把注意力放在自己失去了什么上，而是放在还剩下什么上，把生活的每时每刻都当作一件礼物，去拥抱自己拥有的那些珍宝。

走出未解决的悲伤型牢笼的关键

◎ 让故去的人安息

悲伤会持续影响人们的心境,而且这种影响永远不会消失。否认自己的悲伤无法帮助你疗愈,也不能帮你陪伴死者更长时间,而且还会缩短你与尚在人世的人们的共处时间。如果你爱的某个人已经去世,每天给自己30分钟来纪念这个人,感受你的情绪。想象自己手里拿着一把钥匙,打开自己的心扉,释放自己的悲伤情绪。每当你想念那位逝去的人的时候,你可以大声哭泣,大声喊叫,听一听老音乐,看一看老照片,读一读以前的信件。表达自己的悲伤情绪,学会与它共处。30分钟过去之后,把你爱的人安全地放在内心的某个角落中,然后面对当下的生活。

◎ 灵魂永不灭

悲伤有可能会引领我们朝着积极的方向前进,让我们朝着一个更加快乐、积极,更有意义的目标前进。请和去世的亲人交谈,表达你的感激。你们共同创造了你珍视的回忆,他曾教给你技能,给你的人生留下了珍宝。然后问问自己:"这个人希望我怎样?"

第 / 七 / 章 **僵化思维型牢笼**
你不需要向别人证明什么

人们很难意识到自己僵化思维的藩篱，
因为它们经常被善意装裱粉饰一新。

The prison bars of rigid thinking can be hard to recognize because they're often gilded in good intentions.

当一对夫妇告诉我他们从来不吵架时,我对他们说:"那么,你们不曾有过亲密关系。"

只要是人就会有冲突。当我们避免冲突的时候,我们实际上是在向专制靠拢,也离和平越来越远。冲突本身并不会局限我们的思维,而我们经常用于避免冲突的僵化思维则常常使我们受困于其中。

人们很难意识到自己僵化思维的藩篱,因为它们经常被善意装裱粉饰一新。很多人来找我做心理治疗时只是想改善他们与他人的关系,或者说找到更好的方式与伴侣或孩子和平相处,让他们拥有更加平和的生活或更加亲密的关系。不过,我经常发现来访者不是来学习如何处理冲突,而是希望我能说服对方接受他们的想法。如果你带着这样的目的,或者是为了改变别人、保持自己的话语权来做心理咨询和治疗,那么你可能无法逃离这种僵化思维的心理牢笼,也无法获得自由。自由是你能用自己的力量选择自己的回应方式。

我的来访者总会说"我想要他怎么做"或"我想要她怎么做"。可是，就像在餐厅吃饭一样，你不能替另一个人"想要"些什么。你唯一能知道的是自己需要什么，什么适合你自己。

停止否认别人心中的"真相"，这是我们管理冲突最重要的工具之一。我喜欢一种好吃的口条三明治，但我的朋友们却说："你怎么能吃那个呢？我只要一想到那种食物就感到恶心。"那么，谁是正确的呢？他有自己的喜好，我也有自己的喜好，没有对错。你不能把自己的选择强加在别人身上，也不必放弃自己心中的"真相"，也请你永远不要这样做！自由来自放弃追求"正确"。

二战结束后几十年，我才意识到，为了治愈伤痛，我需要再次回到奥斯维辛集中营去面对那里的一切。于是，我邀请姐姐玛格达同我一起前往奥斯维辛。我们还是囚犯时一直彼此鼓励，我们是彼此活下去的动力。我想和她一起回到当年父母被谋杀的地方，回到当年的伤心地，面对我多年来梦魇的根源，哀悼在那里死去的人们，然后说出"我们做到了！"。但是玛格达却很反感，她说我简直愚蠢，有谁会自愿回到地狱？我的姐姐曾经和我一起经历过人生的那段悲惨遭遇，我将自己的幸存归功于她，但她对我们共同的经历却有着不同的反应。我们俩没有对错之分，没有好坏之分，也不能说谁更健康、谁更不健康。对我来说，我是对的；对玛格达来说，玛格达是对的。我们都是既美丽又脆弱的人，不多不少。我们都是正确的。所以,我独自去了奥斯维辛。

我想,耶稣告诉我们"连左脸也转过来由他打"时就是这个意思。当你转过另外一侧脸颊的时候,你会从新的视角看同一件事物。你不能改变当时的情况,也无法改变别人的想法,但你可以用不同的方式看待现实。你可以接纳多姿多彩的观点。这种灵活性就是我们的力量。

灵活性能让我们自信,而不是咄咄逼人,不会让我们感到被动,更不会被动攻击他人。当我们咄咄逼人的时候,我们是在为别人做决定。当我们感到被动的时候,我们是在让别人为我们做决定。当我们被动攻击他人时,我们是在阻止别人自己做决定。当你自信的时候,你会用陈述句表达自己的看法。当我想去上大学的时候,我很在乎老公贝拉的看法,担心他会否决我的提议或因我长时间离家产生抱怨,也害怕他听到别人称呼我"埃格尔博士"而称呼他"埃格尔先生"时心里会不舒服。可是,如果你是一个健全的成人,你想做某件事时不必征询任何人的许可。所以,不要让别人掌控你的人生。只要向对方声明:"我决定回到学校,获得博士学位。"用陈述语气表达,给对方一种信息,也让对方自由地表达自己的观点,提出他们的希望和担心,这也能让对方建立自信。

在冲突之中保持自由的关键就是坚定自己的立场,同时也不要把自己的意志强加在别人身上,更不要控制对方。

当我们能接受他人的本来面目，而不是我们对他的期望时，这种态度是有益的。我有一位来访者，他经常与自己十几岁的女儿发生冲突。有一次他来找我咨询，在那之前，他和女儿因为她是否能开车大吵了一架。他的女儿大声对他喊叫，甚至直呼其名，并且对他说脏话。他想让我当"法官"，站在他这一边，听取证据，宣布他的女儿有罪。但是，当我们开始抱怨，开始纠结于对方的"罪行"时，这种指控便不能使任何人获得力量。没有人能在批评中成长。所以，永远不要去批评别人。

> 没有人能在批评中成长。

现实生活中，我们可以不去批评别人，大多数人也可以不去批评自己。因此，我们能远离不切实际的期待，同时也远离因这些期待无法得到满足而产生的愤怒。我对承受我愤怒的人非常挑剔，因为在我愤怒时，我才是受罪的人。

不健康的冲突与"这个更好""那个更差"的思维模式有关。一年夏天，我和贝拉去欧洲旅游，我们到巴黎时，著名的莫斯科大剧院芭蕾舞团正巡演到那里。我一直梦寐以求地想观看一场演出。贝拉给我买了一张票，让我独自去看，自己则在外面等我。我一开始以为他可能觉得票价太贵了，不想多花钱。精彩的表演令我着迷，中场休息的时候，我来到剧院外面，对贝拉说："剧场里还有空位，你再买一张票，进来和我一起看下半场吧！"他却坚决不进来，说："我不给俄罗斯人钱。

我在捷克斯洛伐克的时候,曾被他们不公正地对待过。"他相信这是对他遭受过的残酷对待和囚禁的复仇。我和他争吵了起来,让他重新考虑一下,告诉他"这些舞蹈艺术家和发生在你身上的事情没有任何关系"。当然,我没有改变他的任何想法。我回到剧院欣赏完了剩余部分的演出,这是为了我自己。一方面,他无法抛弃自己以往的评判和愤怒,陪我坐在漆黑的剧场里欣赏精湛又美丽的艺术,这实在是一件糟糕的事情;另一方面,我不能说自己应对事情的方式就比他的处理方式更好——贝拉的应对方式对他更好,而我的应对方式对我更好。

我们中的很多人活着似乎是为了证明什么。我们沉迷于追求别人的一句赞美。可是,如果你只想证明自己是对的或者足够好,你就会陷入某些不切实际之中,根本无法得到自己追求的结果。每个人都有缺点,每个人都会犯错。你并非一无是处,也并非圣人,你不必向别人证明你的存在价值。你能做的就是欣然接受自己拥有的东西,为自己是不完美和完整的而庆祝。你就是你,永远不会有第二个你。放弃对完美无休止的追求。如果你仍然追求证明自己,你就仍然身处精神牢笼之中。

> 如果你仍然追求证明自己,你就仍然身处精神牢笼之中。

在面对别人的不友善或者迫害的时候,我们也不必向对方证明什么。

我朋友的女儿从幼儿园回来后很不高兴,因为别人叫她"大便脸"。我的朋友问我应该如何帮助女儿处理这场冲突。我认为,最重要的是放弃自我辩护的需求。每个人都可能遭到霸凌。不过,如果有人叫你"大便脸",不要争辩"我不是大便脸!",不要为了自己从未犯下的过错辩解,这只会让你陷入权力斗争。霸凌者扔给你一根绳子,你抓住了绳子的一头,你们都用力拉扯,因此筋疲力尽。战斗需要双方的参与,但结束只需一方做出决定。所以,请不要抓住那根绳子,不要接对方的话茬儿。告诉自己:"对方说得越多,我就会越轻松!"提醒自己,对方这么说也是在贬损自己。当有人叫你"大便脸"的时候,这其实是在说明他是怎么看待自己的。

我曾经到约翰内斯堡的甘地故居讲过课,那里现在是博物馆和静修中心。甘地曾用非暴力的方式让大英帝国屈服。他的言辞中没有任何仇恨,不用流血牺牲就换来了和平。

这也是我赖以从奥斯维辛集中营里幸存下来的方法之一。当时,我周围每时每刻都充斥着不人道的话——"你一文不值!你肮脏无比!你离开这里的唯一方式就是变成一具尸体!"。不过,我没有让这些话渗入我的精神。

不知为何,我很幸运地发现,纳粹分子受到的禁锢比我更甚。我第一次发现这点是在第一次给门格勒跳舞的那天晚上。虽然我的身体被困在死亡集中营中，但我的精神是自由的，而门格勒和他的部下却要永远被自己犯下的罪行折磨。我虽然因为震惊和饥饿而感到麻木，也害怕被谋杀，但我的内心始终存在一个庇护所。纳粹的力量来自有组织的非人道行为和种族灭绝，而我的力量和自由则源于内心。

....

在如何化解僵化思维方面，乔伊提供了很棒的个案。她曾与一个脾气暴躁的男人结婚多年。他经常骂她、污蔑她，不给她任何零用钱，还经常用枪指着她的头威胁她。乔伊坚持记日记，事无巨细地记下他们之间的互动，包括一切对话和行为，靠这种方式坚持了下来。她坚持每天记下发生过的事件原貌，这使她能够保持理智。

当我的来访者在关系中是一名受虐者时，我都会这样对来访者说："如果你的伴侣曾经打过你，请立刻离开对方。请去庇护中心。请和一位朋友或者亲戚待在一起。带走孩子，寻求帮助，请大胆地结束这种生活。"

如果你没有在第一次被施虐后马上离开对方，那么施虐者就会变本加厉。每一次的虐待都会让你越来越难以离开对方。随着停留的时间延长，暴力通常会越来越严重，虐待对你造成的心理影响也会越来越强。施虐者会让你觉得，如果没有对方，你就什么都做不成；每次打你的时候，对方都会让你觉得一切都是你的错。每多和对方相处一分钟，你就会多受到一份伤害。你是值得被珍视的个体，不应受到如此对待！

如果有人打了你，这就是在唤醒你。你会立刻意识到自己在面对什么样的情况。离开并不容易，但只要你能察觉到对方有家暴的倾向，问题就解决了一半。如果虐待是以更加隐秘的方式在精神层面进行的，你可能会怀疑自己的感受。你可能会问"这真的在我身上发生了吗？"。但是，如果有人动手打了你，你就能立刻意识到问题所在，你会立刻意识到："是的，家暴真的在我身上发生了""是的，我要离开他"。

由于没有身体上受到虐待留下的痕迹，乔伊很难结束这段关系。（对于处于受虐待状态的人们来说，恐惧和不被相信是他们经常遭遇的另外一种困境。）乔伊最终意识到了丈夫对她的威胁早晚会成真，于是下定决心，和丈夫离了婚。她的丈夫最终酗酒而死。

乔伊知道了前夫的死讯后非常愤怒。她一直希望前夫能为他多年的恶行道歉，承认他的过错，证明她的离开是正确的。他死了，乔伊不得不接受自己永远得不到前夫道歉的事实，她永远无法在较量中获胜了。一次，她试着接受过去的痛苦经历，于是重读了当年写下的日记。乔伊震惊了，但使她震惊的不是前夫对她有多么恶劣，而是自己对前夫有多么残忍。

"我也在欺凌我的前夫。"她说道,"我当时觉得'他虐待我',但我其实也在虐待他。我让孩子们远离他,否认他做的任何事情,把孩子当作工具,控制他、伤害他。我真的是太绝望了。我总以为,除了这么做没别的办法。我被当时的糟糕状况蒙住了双眼。在我们的婚姻中,不止他一个人犯了错,我也在制造麻烦。"

许多不稳定的关系都是非常复杂的。我们虽然不能为家庭暴力和虐待找借口,但我们也经常无法评判哪一个人是正确的、哪一个人是错误的,也无法确定夫妻中哪一方比另外一方更好。如果夫妻关系出了问题,通常双方都有问题,两个人的行为都在伤害着彼此的亲密关系。

我遇到爱丽丝的时候,她已经离婚12年了。她与前夫肖恩相识时刚刚结束了一段混乱的关系。爱丽丝之前的男友曾在一次打斗中把她的嘴角撕裂,并在二人分道扬镳后闯进她的家中,用匕首割坏了她的床垫。肖恩走进爱丽丝的生活时就像是一个救世主。肖恩照顾她、鼓舞她,让她感到安全,助她的演唱生涯步入正轨,帮助她管理巡回演出,负责审查唱片合同,还安排她参加高级演唱课程,并与很多著名的演唱家同台表演。

虽然肖恩很关心她,慷慨无私,但这也让爱丽丝感觉自己受到了控制。爱丽丝依赖他,但也憎恨他过多地干预自己的生活。爱丽丝开始反抗，通过不吃饭来对抗他的控制，争夺控制权。她曾因进食障碍三次住进医院，但这种自我伤害的行为还是不断恶化。她开始烫伤自己的胳膊和大腿，这让肖恩彻底失望了。肖恩后来有了外遇，情人一个接一个。他们的婚姻在持续了18年后结束了。

离婚十多年后，爱丽丝仍在与他对抗，与他争夺他们一起写的歌曲的知识产权，为了他曾经引诱自己介绍给他的学生而争吵不休。虽然他们的婚姻很久之前就结束了，但他们仍然被困在权力斗争中，两人都在不断伤害对方。

我告诉爱丽丝，如果她想结束这种敌对模式，她需要的不是寻找他们之间冲突的根源，而是这种冲突持续的原因。

"你是如何维持一个不再为你所用的观点的呢？"我问道。

爱丽丝把全部精力都放在了证明肖恩的罪行和自己有多么无辜上。她的头脑中不停地播放着一部法庭审判剧，肖恩一遍又一遍地在其中受到审判。可是，这是一场永远也无法取胜的战斗。

"亲爱的，"我告诉她，"你可以作为正确的一方死去，但你仍会死去。所以，你想要快乐还是想要正确呢？"

让她放弃控制需求的最好办法就是让她获得力量。力量与壮硕的体魄无关，也与统治的权力无关。我所说的强大意味着你有力量去回应而不是反应,有力量去掌控自己的生活,有力量完全拥有自己的选择。你是强大的,因为你没有放弃你的力量。

如果你找回了自己的力量但仍然想变得"正确",那么请选择善意,因为善意总是正确的。

· ·

柔化我们对问题的思维方式不仅能改变我们与伴侣的关系,也能改变我们自己的观念,改变我们看待事情的方式和我们自身的感受。

随着爱丽丝从僵化思维的牢笼中获得自由,她开始与前夫划清边界,并为自己的职业生涯寻找新的代理机构,开始为全国巡演做准备。可是后来,她的身体出现了两次问题,打破了她辛苦得来的平静生活。她的声带出现了严重的震颤,让她几乎无法唱歌,直接威胁到她的歌唱事业;她的背部还受了伤,使她连日常生活中的活动都很难完成,只有在背部痊愈后才能继续参与园艺、瑜伽等带给她治愈和乐趣的活动。在说话的过程中,她满脸都是沮丧和失望,我也能从她断断续续的叙述中听出她的痛苦。

"我之前做得很好。"她说,"现在,我可能要取消巡回演出了。"

生活并不公平。当我们受伤的时候,我们会出现愤怒、焦虑、沮丧的情绪,这些都是合乎情理的表达。不过,无论我们遇到的事情是多么的令人难过或不公,我们都可以选择是用僵化的思维看待它还是保持心理灵活性和心理韧性。

"当你的身体受伤的时候,"我告诉她,"不要惩罚它,不要埋怨它,更不要对它要求更多。你只要对它说:'我正在倾听。'"

爱丽丝做到了从思维僵化到保持心理灵活性的转变。她开始学会陈述问题,不去否认自己的痛苦,也不回避自己的沮丧。

"我不喜欢受伤,"她说,"它让我感到疼痛,给我带来不便。"

接着,她停止与自己的身体抗争,也不再抱怨,她开始倾听自己身体的声音,并对自己的身体充满了好奇心。

"你想告诉我什么呢?"她问自己的身体,"什么事对我有益呢?我现在能做什么来帮你并给你力量呢?"

在一段时间里,她的身体告诉她同样的事情:慢下来,请休息。她听到了自己身体发出的信号,听从了身体的建议,她的后背渐渐好转了,也能参加恢复性的瑜伽课了。在瑜伽垫上,她能更温和并有意识地驱动自己的身体。她现在不像以往那样不停地强迫自己,而是更专注于自己内在的体验了。她对"正确地做事情"的定义已经发生了改变。在受伤之前,她总是想证明自己,比如一个困难的平衡动作能保持多久、她能弯腰到什么程度等。现在,她的思维已经不再像以前那样被自己的期待禁锢了。

我们没有必要去喜欢那些让我们痛苦和不开心的事情。不过,当我们放弃与之对抗的时候,我们就会让自己发挥更多的想象力,也能有更多的精力继续前进,而不会毫无头绪地原地打转。

乔伊像爱丽丝一样,认识到自己在离婚后被囚禁在僵化思维中多年,也陷入了二分法的思维定式之中:好、坏,对、错,受害者、施害者。因为乔伊总是以绝对化的思维方式看待事物,所以发生冲突时的"赌注"总是很高,非黑即白、非生即死。无论冲突一开始多么微不足道,这种思维方式都会让它变成生死攸关的大事。乔伊的思维定式让她无法接受复杂的事情,也不能接受事情与她的预期有任何微小的差别。任何人不同意她的观点都让她无法容忍。

她说:"人们可能也在指着我说:'你太胖了!你太丑了!你毫无价值!'"

当她发现了她在婚姻中也有过错、她也不是完全正确的这个复杂事实的时候,她的生活发生了很重要的变化。她对世界的看法似乎也发生了改变。她从过去非黑即白的僵化思维定式中走了出来，周围的世界也更加丰富多彩了。她指着黄色、红色、紫色和蓝色的花，大喊着："快看啊！看啊！看啊！"这几乎让她的孩子们受不了。

心理灵活性是一种力量。我还是一名体操运动员时就学会了这个道理。这也是我尽可能多地跳摇摆舞、每次演讲都会以高踢腿结束的原因。

就像你的身体一样，你的精神也需要灵活性。你的身体柔软灵活时，你也会变得强壮。每天起床后要伸展自己的四肢，让你的情绪和心理也得到放松和舒展。

走出僵化思维型牢笼的关键

◎ 温柔地拥抱自己

选择一项生活中的挑战，它可以是一次受伤的经历、身体的疾病、持续的紧张或冲突，或者任何让你感到身体受限的经历，或者让你被某种情绪困住的经历。首先，请说出自己的真实想法和感受：你不喜欢这段经历里的哪些内容？这件事给了你什么样的感受呢？接着，怀着好奇的心情问问自己："这种情况告诉了我什么呢？我做些什么才对自己最有好处呢？什么东西能为我所用或使我获得力量呢？"

◎ 看到他人的本来面目

请写下目前与你发生冲突的一个人的名字。接着，在名字的后面写下你对这个人的所有抱怨。比如：我的女儿粗鲁又不知感恩，她直呼我的名字，而且还说脏话，她不尊重我；她经常不把我的话放在心上，还很晚才回家。现在，请重新写一次，只陈述你观察到的内容，不用把这些话进行编辑整理，也不用添加解释，不带评判和猜测。请去掉"永远""从不""总是"等僵化的词语。简单地陈述事实,比如:我女儿有时候会提高嗓门、说脏话;她每周会有一两次11点多回家。

◎ 合作,而不是控制

从你想要与别人讨论的观点中选择一件事情。在彼此情绪都比较稳定,而不是发生激烈冲突的时候讨论。首先,说出你注意到的事情:"我注意到,你这周有几次超过了11点才回家。"然后,对对方的看法保持兴趣,提出一个简单的问题:"你怎么了?"这往往是最好的方式。接下来,不要责备或羞辱对方,说出你想要表达的:"对我来说,让你有充足的睡眠很重要。而且,我想在知道你安全到家后才去睡觉。"最后,邀请对方和你一起拟定一个计划:"对于我们彼此都能接受的解决方案,你有什么想法吗?"如果冲突不能马上解决也没关系,重要的是选择一种合作的方式来解决冲突,并让与对方的关系优先于对权力和控制的需求。

◎ 如果对方变得更好,你会怎样对待对方

请想象出与你发生冲突的那个人的形象。现在,请想象这个人最好的时候是什么样的。请闭上眼睛,想象对方被光环笼罩可能会对你更有帮助。把你的手放在心口上,说:"我看到你了。"

第 / 八 / 章　　怨恨型牢笼
你会希望和自己结婚吗?

每一种选择都要付出代价。
有所得,就会有所失。

Every choice has a price,
something you gain, and something you lose.

第八章 怨恨型牢笼

亲密关系的最大破坏者是持续的低水平愤怒和摩擦。

我对自己的丈夫贝拉也有怨恨——他比较急躁、脾气大，他看着我们的儿子时总是显露出失望的神情，他的内心被过去的遭遇困扰，并因此表现出了某些心理问题。这一切都让我心生怨恨，在很多年里，我一直坚定地认为唯一能让我解脱的方式就是与他离婚。但是，在我们离婚后，孩子们的生活被完全扰乱了，我们自己的生活也天翻地覆。这时我才终于意识到，我从前的怨恨和愤怒与贝拉完全无关，而是与我自己有关，与我自己有未处理的情绪和未解决的悲伤有关。

我在婚姻生活中感到窒息并不是贝拉的错误，这是我多年来不承认自己感受的代价。我为母亲感到悲伤，她放弃了都市中独立自由的生活，放弃了在位于布达佩斯的一个领事馆工作的机会；她放弃了曾经深爱的一个男人，只是因为对方不是犹太人，二人的婚姻不被允许；她按照别人的期待生活。我害怕自己重蹈父母不幸婚姻的覆辙。我也为失去自己的初恋埃里克而难过，他死在了纳粹集中营里。我为失去父母而难过。我没有解决好自己的丧失和悲伤情绪就结婚生子，不知不觉就到了40岁，我的母亲就是在这个年龄去世的。我觉得自己没有时间追求自己想要的自由生活。但是，当时的我认为获得自由的关键在于离开我那经常大喊大叫、愤世嫉俗、暴躁易怒且总是一副失望表情的丈夫贝拉。我认为他的这些表现限制了我的自由，而不是通过发现自己的真实目标和方向来寻找自由。

人们生气往往是因为期待和现实之间存在着一定的差距。我们总认为一切都是另一个人的错，是对方加重了我们的情绪负担，可是真正让我们陷入牢笼的其实是我们自己不切实际的期待。通常，我们步入婚姻殿堂时就像罗密欧与朱丽叶一样，但实际上却不太了解对方。我们会因爱而陷入热恋，也可能爱上一个在想象中被我们赋予了一切优点的人物，还可能爱上一个能够与自己重演原生家庭中生活模式的人。我们还会放弃真实的自我，为了寻求爱和安全的关系而展现出一个虚假的自我。坠入爱河是大脑中化学物质带来的强烈快感，它让人感觉飘飘欲仙，但这种感觉的持续时间却十分短暂。当这种感觉消退时，我们会感到梦想消逝，觉得自己失去了完美的伴侣和亲密关系，但这种完美从一开始就只存在于我们的想象中。所以，很多原本可以挽救的关系都被丢弃在了绝望的深渊中。

可是，爱并不与你的感觉有关，而是与你做了什么、打算做什么有关。

你不可能回到一段关系的开始阶段，不可能回到变得愤怒、失望和疏远之前。你可以做的事情比这更有意义——重新开始。

玛丽娜是一位舞蹈表演艺术家，她来找我时遇到了婚姻问题，不知道这种重新开始对于她的婚姻是否可行。她不知道这段婚姻会以健康的方式延续下去，还是必须被放弃以获得自由。

"我们每天都会吵架，这种生活已经持续了18年。"她一边讲述，一边把自己的长头发扎成一个发髻。有时候他们之间的争吵还会发展出暴力行为。当然，她丈夫不会打她，但他会把手机摔到墙上、推开椅子或者把她正坐着的床掀翻。

"我每次都尽力避免待在家里，因为我们的谈话每次都会变成他对我又'做错了什么'的指责。"她这样说。玛丽娜不敢反抗丈夫，不敢在他发火时走出房间，她尽力试着维护自己的尊严并与他和平共处。但她同时也失去了自尊，越来越感觉自己的力量受到了剥夺。她担心这种持续不断的冲突会影响他们十几岁的女儿，不想让生活这样继续下去，但又不知道怎样才能改变现状，也不知道她有什么选择。

每一种选择都要付出代价。有所得,就会有所失。我们永远可以选择逃避,不做任何决定,维持原来的老样子。但是,玛丽娜选择了另一个极端的选项,她选择放弃这段婚姻关系,申请离婚。

> 每一种选择都要付出代价。有所得,就会有所失。

"你可以不让自己被困住。"我告诉她,"你没必要总是身处糟糕境地。"不过,我继续告诫她,离婚可能是逃避的另一种极端形式,"你从离婚中能获得什么呢?你只会得到一张纸,它会告诉你,你离婚了,可以再嫁给别人了。"

离婚并不能解决一段关系当中的情感问题。离婚只是给你一种法律的许可,让你与另外一个人重复相同的婚姻模式!离婚不会给你自由。无论玛丽娜是决定和丈夫离婚,还是维持婚姻,她要努力做的事情都是相同的:发掘自己对婚姻的需求和期待,并治愈由此而来的创伤。如果她不想办法解决这些问题,她在有生之年就会一直背负着那些创伤。

我们首先讨论了她的期待是什么。"你打算嫁给你丈夫的时候,知道他会发怒吗?"我问道。

她摇了摇头,回答道:"他很会装,能赢得人心。"作为一名优秀的演员,他知道如何让别人爱上他。在他们结婚之前,她只看到了他体贴又美好的一面——充满魅力、聪明睿智,又非常浪漫。"现在,他的那些品质完全不见了。"

"那么,你为什么保持与他的关系呢?"我问。正如我曾说过的,每一种行为都会满足一种需求,即使是困境也可能在某种程度上为我们服务。"你需要经济上的保障吗？或者你可能就是需要冲突呢?"

"我害怕孤独。"

从婴儿期起,所有人都会害怕被抛弃。按照玛丽娜的描述,她在西欧度过的童年使她对被遗弃的恐惧因完全的忽视而变得更加强烈。玛丽娜14岁时,她的父亲因为"受够了"与她的母亲一起生活而离开了那个家。从那以后,她的父亲就再也没有回来看望过她,甚至都没有给她打过电话。玛丽娜的母亲总是心烦意乱,无法应付家庭里的任何事情,所以玛丽娜就扮演起了母亲的角色,每天哄弟弟妹妹睡觉,还要熬夜准备第二天的食物。

一年后,柏林墙倒了,玛丽娜的母亲做出了一个令人无法接受的决定。她通过报纸广告认识了一位东德男人,打算搬去与他一起住。她会带着较小的孩子们一起去,但会把玛丽娜留下独自生活。她给玛丽娜留下了一幢房子中一间屋子的租房协议,第二天就离开了。一年多的时间里,她连个电话都没打给玛丽娜。

玛丽娜挺了过来,这足以说明她内心具备足够的韧性,也很坚强。她在出租屋里住了几个月,新房客的出现打破了她的平静生活。新房客中有一位男性试图引诱她,总会大半夜手里拿着一杯酒走进她的房间。她非常害怕,放弃了租约,离开了学校,在西欧城镇间辗转。她从事过各种工作,为外出度假的人们打理家务,住过艺术家们的宿舍,也住过康复农场。玛丽娜认为父母都离开她一定是因为她做错了什么,她患上了严重的进食障碍,总想着如果自己消失,父母也许最终会注意到她失踪了。玛丽娜16岁的时候,她一直打工的那个康复农场的主人把她赶出了农场。她双手各拎着一个行李箱走在大街上,无家可归。她在绝望中打电话给母亲乞求帮助,而母亲过得也不好,拒绝了她。

"从那一刻开始,我知道自己在这个世界上孤身一人,无依无靠。"玛丽娜说。

20岁刚出头的她为了寻找更好的工作机会来到了柏林。经人介绍,她开始参加表演训练,住在学校后面的一辆破旧拖车里,生活得非常艰难。拖车里没有取暖设备,在柏林寒冷的冬季,她经常被冻伤,但她用顽强的毅力熬过了训练。尽管生活困顿,她还是比较喜欢这种新生活。每当跳起舞,她都觉得自己是强壮又自由的。她不能再让自己挨饿,也不能再做任何伤害身体的事情,她也第一次打心底不想再这样伤害自己。她找到了激情和生活目标,从舞蹈中感受到了快乐,从艺术的表达中找到了力量。

她爱上了一位在冷战时期的东德长大的舞者。但对那位男孩来说,表达情感和展示爱意很难。

"我想,我的父母也是这样。"她懊恼地说。

他们最后分手了,分手两年后,男孩自杀了。玛丽娜的理智告诉她,男孩的死不是她的过错,即使他们当时仍然在一起,她也救不了他。但是,男孩的死还是给了她沉重的打击。

"他死后一周或两周后才被人发现。"她说,"他完全是孤身一人。"

我们都会带着童年的某些信息进入恋人关系当中。这种信息有时候是一句他人经常对我们说的话,就像我的母亲常对我说的,"有一个坏丈夫,总比没有好"。这种信息也可能是我们从他人的行为或家庭环境中感知到的。

"亲爱的,"我告诉玛丽娜,"我从你的表述中感知到你的内心有一种信息,那就是,你觉得如果你爱某人,某人就会离你而去。"

眼泪从她的双眸中流出。她双手搂紧自己,仿佛整个房间突然变冷了。

当我们的心灵被囚禁的时候,我们脑海中最为顽固的往往是破坏性信息。

"可是，我从你的故事里听到了另外一个信息，"我告诉她，"这个信息告诉我，你是一位坚强的女性。你曾经是一个无助又充满恐惧感的小女孩，孤零零地拎着行李站在大街上。你多次面临死亡的威胁，但仍然坚强地活了下来。现在，你瞧瞧自己多么了不起。你从悲惨的过去走了出来，成长为坚强的人。你真的很棒！"

玛丽娜坚定地认为自己不值得被爱，因此选择了她的丈夫和这种生活模式，而这又强化了她的信念。我经常在军人的婚姻中看到这种状态。当再次被派驻于某地、一切重新开始只是时间问题的时候，相信某人能战胜距离和纷扰与自己相守是很难的。因为对分离的痛苦心怀恐惧，也害怕对方离开自己或对自己不忠，我们采取的其中一种应对策略就是保持距离。玛丽娜与一个令她倾心的男士结了婚，因为他感受到了安全感，觉得自己受到喜爱。但他只是把这段关系当作自己的出气筒。他把自己的痛苦带进了这段关系，他表现出来的愤怒和对玛丽娜的责备都是应对未解决的创伤和满足情感需求的方式。他的所有行为都强化了玛丽娜心中已经内化的信息，即爱就意味着被抛弃和被伤害。

"或许，你们两个都在用对抗的方式抗拒你们之间的亲密关系。"我说，"所以，让我看看你们的相处模式吧！"

许多夫妻都保持着"三步舞"的相处模式，这是一种不断重复的冲突循环。第一步：沮丧。他们逃避沮丧，因此，沮丧带来的伤口开始溃烂，然后很快进入第二步：对抗。他们彼此大喊大叫，直到彼此筋疲力尽，随即进入第三步：弥补。（不要在吵架后做爱！这只会使冲突加剧！）弥补看起来像是冲突的结束，但它却是冲突循环的延续，最初的沮丧没有得到解决。他们只是在准备下一轮的较量，让冲突周而复始地循环下去。

我想给玛丽娜一些工具，帮助她在第一步的时候停止这种恶性循环。是什么触发了沮丧感，让他们多次被困在同样的冲突中呢？

"你们要么为这段关系做出贡献，要么就是在污染这段关系。"我说，"你们各自是怎么污染这段婚姻的呢？"

"每当我想和他沟通，试着表达我的感受或者改善关系的时候，他就会害怕被责怪，害怕是自己的错。"他宁愿用对抗的方式扭转局面，用指责和批评面对她。

"这种时候，你是怎么回应的呢？"我问。

"我会为自己辩解。有时会让他'住嘴'，但这样他会更凶，开始摔东西、踢东西或者打碎东西。"

我给她布置了一项任务，让他们以迂回的方式解决以往的相处模式。"下一次他说你错了的时候，你只需回答'你说得对'。他无法与此对抗。这并不意味着你要说谎,因为每一个人都会犯错,任何人也都会有所改善。你只需要说:'是的,你是对的。'"

如果我们否认别人对我们的指责,我们就仍在接受它,就会为一些不是我们做的事情负责。

"下次他生气的时候,你要问问自己,'这是谁的问题呢?'。如果问题不是你造成的,你就不必为他的指责和愤怒负责。把问题还给他,对他说,'你好像正处在很尴尬的境地,你似乎因此而生气'。当他试图让他的感受影响你时,你要把这种感受还给他。你希望他能摆脱这种感受,但这是他自己要面对的问题。当你步入他设的局,他的目标就变成了你,而不是他的感受。请停止拯救他,那是他需要面对的问题。"

> 如果我们否认别人对我们的指责,我们就仍在接受它。

玛丽娜接受咨询后,过了几周,她又来见我。她告诉我,我使冲突降级的方法起作用了。他们争吵的次数显著减少,冲突也很少发生了。

"可是,我对他非常不满。"玛丽娜这样对我说。这一次她想谈论的不是丈夫的愤怒,而是自己的愤怒。"在我的脑海中,他要对一切负责。"

"那就做相反的事情。"我说,"你要感谢他。"

她扬了扬眉毛,吃惊地看着我。

"你可以选择自己的态度,你要感谢他。同时,你也要感谢自己的父母。他们帮助你成了一个非常好的幸存者。"

"忽略发生过的一切吗?忘记他们对我做的一切?"

"你要与发生的一切和解。"

我们中的很多人没有从父母那里得到自己想要和应得的慈爱和关怀。也许他们当时被自己的愤怒、抑郁、焦虑以及对其他事情的过分投入占据了大部分精力,因此忽视了我们;也许我们生不逢时,他们当时正承受挫折,或者需要面对失去亲人的悲伤,又或者面临经济紧张的问题;也许他们正在处理自己的创伤,无法及时回应你对爱和关注的需求。也许他们没有按时接我们放学,却对我们说:"我们一直想要一个如你一般的孩子,从不给我们添麻烦。"

"你可以因为父母没有为你做什么而悲伤。"我这样告诉玛丽娜,"你也可以因为丈夫没有为你做什么而悲伤。"

悲伤有助于我们面对没有发生或者已经发生的事情,并最终释放因此产生的情绪。悲伤也会给我们空间,帮我们认清现状,让我们选择从现在出发,去往哪个目的地。

"你会希望和自己结婚吗?"我问她。

她满脸困惑地看着我。

"你喜欢自己的什么特点呢?"

她沉默不语,皱了皱眉头,好像吓了一跳,也可能是在头脑中寻找合适的词汇来表达。

她犹豫着开口,不过声音更加坚定了。她的眼睛也变得更加明亮,脸颊上泛起了红晕。

"我喜欢自己关心别人这点。"她回答,"我喜欢自己富有激情,喜欢挑战自己,攀登高峰。我喜欢那样做,并且永远不放弃。"

"甜心,把这些写下来吧!"我说,"把这些话放进你的钱包里。"

诚实地清点自己拥有什么非常重要。人们很容易在意别人的评价和批评,关注错误和抱怨,却很少在意自己拥有什么。不过,我们都是有优点的,我们可以选择让自己去关注些什么。

"你丈夫有哪些优点?"我问。

她停顿了一下,微微眯起了眼睛,仿佛看着远方。"他在乎我,"她说,"即使他会那样对待我,但我知道他在乎我、关心我。而且他工作非常努力。我的肩膀受伤时,他会照顾我。有时候他也很支持我。"

"你和他在一起时更坚强,还是独自一人时更坚强?"

只有你能决定一段关系是在消耗你还是在滋养你,但这不是能快速回答的问题。只有处理好自己的创伤,埋葬过往那些一直在拖拽你的东西后,你才能真正找到答案。

决定和贝拉离婚是我的失误,事实上没有这个必要,可是这次离婚也有有价值的方面:它给我创造了更多的空间和宁静,让我开始面对自己的过去和悲伤。离婚并不能让我从自己的悲伤中走出来,也无法从焦虑、闪回[1]、孤独和恐惧中解救我。唯一能解决这些问题的是我自己。

我的姐姐玛格达曾经警告我:"当你焦虑不安的时候,一定要小心自己正在做什么。你可能会开始思考些错误的事情。'他太这样了,他太那样了,我受够了'。你最终会想念那些把你逼疯的事情。"

我确实想念贝拉。我想念他跳舞时全身散发着的欢快气氛,他的幽默总能让我笑得不能自已,他对风险也十分敏感。

---

[1] 创伤后应激障碍的症状之一。

离婚两年后,我们又复婚了。不过,我们没有再重复以前的婚姻模式。我们不会相互迁就。我们选择重新爱上新的对方。这一次,我们之间没有怨恨,没有无法满足的过高期待,更没有对彼此扭曲的认知。

···························

"你的丈夫正在承受你的愤怒。"我告诉玛丽娜,"但或许他不是你愤怒的原因。"

为了使我们想讲述的故事合乎情理,我们会把故事中的某个角色投射到对方身上。当我们讲述一个新的故事时,让自己重拾健全的自我,我们的关系可能会得到改善。或许,我们会发现自己不再需要对方,对方在让你获得自由的故事中没有一席之地。

你不必立刻弄清楚这个问题的答案。事实上,你最好不要竭力寻求答案。你需要更多地接触对方,尽可能让自己活得充实,做真实的自己:做一个有力量的人,你才能在实际生活中找到答案。

走出怨恨型牢笼的关键

◎ 改变你的舞步

很多夫妻的相处模式都是"三步舞",并且不断重复这种导致冲突的模式。从第一步的沮丧开始,升级为第二步的对抗,最后进行第三步的弥补,让关系表面上恢复和谐。但是,如果最初的沮丧感得不到解决,和平相处模式不会持续太长时间。

在你们的夫妻关系中,哪些沮丧感还没有得到解决呢?在再一次陷入旧的循环模式之前,你能怎样改变自己的第一步呢?决定好下次沮丧情绪产生的时候要做出哪些不一样的事,按计划行事,让新的举措解决关系中的恶性循环。记得去觉察这种关系是怎么发生变化的,并为自己的改变庆祝一下。

◎ 学会关照自己的情绪

你小时候有没有接收到关于爱的信息?是否把它带到了亲密关系中?细想一下它的内容。例如,玛丽娜携带的信息是"如果我爱某个人,某个人就会离我而去"。你的童年教会了你关于爱的什么信息呢？请完成这个句子：如果你爱某人，＿＿＿＿＿＿＿＿＿＿。

◎ **你会希望和自己结婚吗**

你认为创造一种舒适又滋养你的亲密关系需要什么品质呢？你会希望和一个与你相似的人结婚吗？你具备哪些优势和力量呢？请罗列出来。哪些行为令你难以忍受？请罗列出来。你的生活方式能让你展现出最好的自我吗？

第 / 九 / 章　**恐惧型牢笼**

你是正在进化还是在原地旋转？

能否释放自己内心的恐惧感，
完全取决于你自己。

Releasing the fear starts with you.

我在埃尔帕索的一所高中教过几年的心理学，还得过年度最佳教师奖。随后，我决定去攻读心理学的硕士学位。一天，我的校长找到我，对我说："伊迪，你得拿到博士学位。"

我笑了笑，回答道："到我毕业的时候，我都50岁了。"

"不管怎样，你都会50岁的。"

这是别人对我说过的最有智慧的一句话。

亲爱的，你无论如何都会活到50岁——或者活到30岁、60岁，或者90岁。所以，你不妨冒个险，去体验自己从未做过的事情。改变是成长的同义词。为了让自己成长，你需要让自己进化，而不是原地打转。

在美国，人们称呼心理学家的俚语是"shrink"（缩小、压缩），不过我更喜欢称呼自己为"stretch"（延展、拉伸）！因为我的工作是会见一位又一位幸存者，引导人们释放那个受困于限制性信念的自我，让人们认清自己的潜能，并加以利用。

我小时候学习过拉丁文，非常喜欢这句拉丁谚语："Tempura mutantur, et nos mutamur in illis."——时光流逝，吾等亦随之改变。我们不能总是被困在过去，也不能陷在旧的模式中，更不能总是让自己的行为一成不变。我们现在就在这里，活在当下。我们抱持着什么观念、放下什么想法，以及朝着什么方向发展，都取决于我们自己。

· ·

格洛丽亚仍然背负着巨大的负担。格洛丽亚四岁时，随家人逃离了内战中的萨尔瓦多。她的父亲非常暴力，经常打骂她的母亲。她13岁的时候回到萨尔瓦多探亲，却被当牧师的叔叔强奸了。叔叔是给格洛丽亚施洗礼的人，但却在平安夜强奸了她，这让她的安全感和信仰感被破坏殆尽。当她对周围人说自己被强暴时，没有一个人相信她。她的叔叔至今仍然是一名执业牧师。

"我忍受了太多的痛苦和伤害。"她说，"我的一切都被恐惧覆盖住了。我不想因为自己的过去而失去丈夫和孩子。我需要做出一些改变，可是我又不知道如何改变，也不知道从哪里开始改变。"

她曾认为投入对社会工作学位的追求中能让自己关注当下，打开对过去的心结，可是每当她听到客户提及受害的经历时，她的绝望感和无助感就会加深。于是，她放弃了学业。她憎恨自己受到挫败,也痛恨让孩子们看到自己苦苦挣扎。现在,过往的那些遭遇总会闪现在她的头脑中,让她感到无比恐慌,每天都生活在恐惧之中,还让她无比担心自己的孩子们会经历到自己当年的悲惨遭遇。

"我尽我所能确保孩子们的安全。"她说,"可是我不能随时随地保护她们。我不希望自己的孩子生活在恐惧中,也不想把自己的恐惧传递到她们身上。"

可是,在日常生活中,她总会面临和女儿们的分离,比如把女儿送去夏令营。这会让她感到无比恐惧。"我整晚都睡不着,一直在想,'她会不会遇到不好的事呢?''她现在是不是出了什么事呢?'。"

我们不应停止寻求安全和正义。我们总是应该用自己的力量保护自己、保护我们爱的人、保护我们的邻居、保护我们的同胞。可是,我们也要进行选择,我们可以选择用自己生命中的多少时间沉溺于恐惧中。

恐惧感经常利用最无情、最具煽动性却又最持久的两个字:"如果"。每当恐惧来临之时,你就像在经历一次可怕的风暴,身体颤抖、心跳加速,你已经克服的那些创伤号叫着想要吞噬你。这时候,握紧你的双手,对自己说:"感谢你,恐惧,谢谢你想要保护我。"接着再说:"过去是过去,现在是现在。"一遍又一遍地重复说这些话。你做到了,你就活在当下。用自己的双臂搂住自己，揉揉自己的肩膀，对自己说："好孩子，我爱你！"

你永远不知道外界会对你产生什么影响，你也无法预测谁会对你造成伤害——大声辱骂你、对你拳打脚踢、违背诺言、背叛你的信任、突然投下一枚炸弹或开始一场战争。我希望我能告诉你明天的世界会是一个远离残暴、没有战争、没有歧视的世界，是一个没有强奸、没有堕落，更没有种族灭绝的世界。可是，那个世界可能永远不会到来。我们生活的世界充满了危险，我们就是生活在一个令人充满恐惧的世界之中，你的安全也是无法保证的。

> 恐惧与爱不能共存。

可是，恐惧与爱不能共存。你的生活也不必总是由恐惧主导。

你能否释放自己内心的恐惧感，完全取决于你自己。

如果经历过创伤或背叛，我们就不太容易消除对再次被伤害的恐惧。

恐惧最喜欢的一句话是："我已经告诉过你会这样了。"我告诉过你，你会后悔的。我告诉过你，这样做太冒险了。我告诉过你，结果不会好的。

我们不愿意让自己的预感落空。

我们总是心怀恐惧，总认为时刻保持警惕就可以保护自己。可是恐惧往往会发展出一种无情的循环模式，恐惧也会变成一种自我实现的预言。从恐惧的威胁下保护自己的一种比较好的方式是学会爱自己、宽恕自己，不要为了人生中不可避免的错误和痛苦惩罚自己。

下面是我的来访者凯瑟琳的故事。她来找我谈话时正在丈夫有婚外情这件事的冲击中痛苦挣扎。

凯瑟琳接到那通电话时，已经与风度翩翩、事业有成的医生丈夫结婚12年，她暂时从自己的事业中抽身，把精力都放在年幼的儿子们身上，她原本很享受这段婚姻。电话里的声音凯瑟琳从没听到过，说话的男子声称自己经营着一家性服务公司，他威胁凯瑟琳，如果得不到钱财，他就把她丈夫与公司里一位女性的婚外情公之于众，让她的丈夫身败名裂。凯瑟琳觉得这名男子的话莫名其妙又令人作呕，简直就像肥皂剧里的情节一样，又像是噩梦中的剧情。但当她去询问丈夫的时候，她的丈夫却承认了。他曾经召妓，而打电话给凯瑟琳的正是妓女的皮条客。

凯瑟琳为此震惊不已。她的身体不受控制地颤抖，吃不下饭，睡不着觉。她的整个世界天翻地覆。她怎么会没有丝毫察觉呢？她进入了一种持续的警惕状态，不停地寻找着生活中的任何蛛丝马迹，试着理解自己的丈夫为什么会这样背叛她，同时寻找丈夫再次出轨的证据。

在婚姻咨询师的大力帮助下，经过多次咨询，她开始意识到，这次出轨事件是她和丈夫重新看待婚姻的一个关键点，也是重拾亲密关系的一个机会。当他们的亲密关系再次变得稳定的时候，凯瑟琳吃惊地发现丈夫变得越来越浪漫，越来越吸引人了。这段婚姻让他们比从前更快乐。圣诞节那天，他们举办了一个盛大的聚会，房间里灯火通明。情人节那天，她的丈夫早早地叫醒了她，把她带到楼下黑暗的大厅里，来到楼梯前，那里放满了玫瑰花瓣和闪烁着的蜡烛。穿着睡袍的两个人坐在一起，哭了起来。甜蜜和信任又回到了他们的关系中。

凯瑟琳当时并不知道，丈夫几周后又开始了破坏他们亲密关系的行为——他又出轨了一位年轻的同事；她也不知道，几个月后她就会发现丈夫写给情人的一封充满激情的信件。

我与凯瑟琳谈话时，距离她发现丈夫再次出轨已经过去两年。她选择继续这段婚姻，并又一次开始了高强度的婚姻咨询，再次从零开始重建他们的亲密关系。她告诉我，从很多方面来看，他们的联结变得比以往更紧密和坚韧了。二人间不再有隔阂，她的丈夫不那么容易生气了，也变得对她更深情了，经常拥抱她、亲吻她、安慰她，工作时会与她视频或用公司电话联系她，让她知道他真的在他说的地方。他再次解释了自己出轨的理由："我是一个超级自恋狂,试图拥有一切。"他这样说,并对妻子表达了他由衷的歉意。

可是凯瑟琳仍然被囚禁在恐惧的牢笼中,走不出来。

"我拥有了一直想要的那种温柔体贴的丈夫。"她说,"可是我不能接受这种生活。我不能相信他,每天都胆战心惊地胡思乱想,重温过去经历过的背叛,等待意外再次发生。我知道自己正在剥夺自己享受生活的权利,也知道自己需要学会再次信任他。我试着让自己活在当下,可是,我就是不能摆脱恐惧感。我总是不能控制自己,情不自禁地想要监控他,想要控制他。"

当我们的生活中处处充满怀疑的时候,我们就会每时每刻都在寻找能够平息或证实我们恐惧的蛛丝马迹。不过,无论我们向外寻找到了什么,我们仍然需要解决自己内在的问题。

"也许你正在怀疑的不是你丈夫,"我说,"有可能你正在怀疑自己。我听到你说了四次'我不能'。"

她一下子就哭了起来。

"你并不足够相信自己。所以,让我们努力消除自我怀疑吧!"

恐惧型牢笼会成为成长和赋能的一种催化剂。为了实现转变,语言就是我们最强大的工具之一。

"让我们从你口头上的'我不能'开始练习吧!"我告诉她,"首先,这句话就是一个谎言。'我不能'意味着'我很无助'。这不是真的,除非你是一个婴儿。你可以的。"

当我们说"我不能"的时候,我们真正说的是"我不会"。我不会接纳。我不会相信。我不会逃避恐惧。我不会停止控制和监控他。恐惧的语言就是抵抗的语言。如果我们不停地抵抗,我们就是在努力确保自己被困在原地。我们不会成长,也不会充满好奇心地观察周围的一切。我们会陷入一种恶性循环,没有改变的机会。我们会原地打转,而不是让自己进化和改变。

我让凯瑟琳从语言中剔除"我不能"。

如果你能放弃一些东西,用别的东西来替代它,你就会越来越成功。比如,用你喜欢的一种饮料替代鸡尾酒。或者像前文提到的罗宾一样,留在房间里带着微笑、用善意的目光关注自己的伴侣,以此替代逃离或躲避自己的爱人。

我告诉凯瑟琳:"每次你想说'我不行'的时候,用'我可以'替代它。"我可以放下过去,我可以活在当下,我可以爱自己、信任自己。

我指出了她在我们谈话的第一分钟经常使用的两个与恐

惧有关的短语,"我试着"和"我需要"。

"你说自己试着让自己活在当下。"我说,"但说'试着'是在说谎。你要么活在当下,要么没有活在当下。"如果你说"我试着",真正的意思是你没必要那么做。你只是想让自己摆脱困境。"现在,到了停止'试着'而真正开始做的时候了。"

当我们即将采取行动时,大多数人会用这个词语,"我需要"。这听起来像我们正在确定目标,也正在设定优先顺序。凯瑟琳想要改变自己婚姻中的过度恐惧和过度警惕,于是她说"我知道自己需要学会再次信任他"。

"不过,那是另外一个谎言。"我告诉她,"需求就像呼吸、睡眠和食物,没有它们我们就不能存活下来。"

我们可以停止给自己施压或增加负担,不再对自己说某些无关紧要的事对我们存活下去是必需的。我们也可以不再把自己的选择当作义务。

"你不'需要'信任你的丈夫。"我说,"你应该是'想要'相信他才去信任他。如果你想要信任他,你可以选择让自己信任他。"

每当我们言语中表现出自己是被强迫、有义务做某件事或对某件事无能为力的意思时,我们就会真的这样想,也会真的有这样的感觉,因此也会按这样的念头行动。我们会变成恐惧的俘虏:"我需要这样做,否则会出现可怕的后果""我想要这样做,但是不可以"。为了让自己从这种牢笼中走出来,我们需要关注自己的语言。仔细地倾听"我不能做什么""我试着做什么""我需要做什么"之类的话语,然后看看你是否能把这些限制你自由的词语换成其他词语——"我可以""我想要""我愿意""我选择"。请选择这些能够赋予你力量的词语。

> 仔细地倾听"我不能做什么""我试着做什么""我需要做什么"之类的话语,然后看看你是否能把这些限制你自由的词语换成其他词语——"我可以""我想要""我愿意""我选择"。

凯瑟琳无法保证丈夫以后不再背叛她。如果离开这段婚姻,她就没有坚固的盔甲来抵挡别人对她的背叛。可是,她本身就具备让自己摆脱这种无力感的工具。

如果你的梦想和行为不一致,谁应该为此负责呢?我的一个来访者说,如果他有更好的睡眠习惯,他就能处理好工作,也会对家人更有耐心。可是,他仍然每天都喝五杯咖啡。我的另外一位来访者渴望稳定忠诚的亲密关系,可是她却总是在不同男人的床上醒来。这些来访者的目标和行为出现了冲突,他们的行为没有朝着目标前进。我非常赞成积极思考,可是如果没有积极地采取行动,我们只会一事无成。

我们可以不再那么努力地让自己原地踏步。

我们拒绝改变的其中一种方式是苛求自己。我的一位来访者对我说,她想减肥,可是她却把一半的时间用在责备自己上。"我吃了很多冰激凌,"她说,"还吃了很多巧克力蛋糕。"如果你开始贬低自己,你就永远无法改变。可是,如果你说,"我今天不会在卡布奇诺咖啡里放糖",你就是在做出改变。成长、学习和治愈就是这样开始的,这些都取决于你做了什么。请从点滴的小事情做起,改变才会在潜移默化中发生。

有时一些看起来微不足道的小事会对人们产生巨大的影响。米歇尔多年来受厌食症的折磨,从不吃甜甜圈。她一直害怕吃甜甜圈,害怕自己吃了一个之后就会把一盒都吃光。她害怕自己尝了一口就会上瘾,进而马上变胖。她害怕自己一吃甜甜圈就会一发不可收拾,失去控制。她担心一旦让自己体验到快乐,她就会放任自己,最后崩溃。

不过,她知道,只要自己生活在对甜甜圈的恐惧中,就永远无法逃出恐惧的牢笼。一天早上,她鼓起勇气,走进一家面包店。单是头顶的铃铛声和面包店里的香甜气味都足以让她害怕得汗流浃背。她买了两个甜甜圈,带到了治疗室。有治疗师在场,她有了安全感,并获得了治疗师的支持。她开始感受自己对失去控制的恐惧,以及根植于心底的对个人形象和个人价值的焦虑。然后,她对甜甜圈产生了好奇,与治疗师同时咬了一口。米歇尔感受到了舌尖上糖霜的酥脆,也感受到了咽下去时甜甜圈那柔软的质地。香甜的味道进入她的胃部,糖分在她全身游走。她以往的焦虑不见了,变成了兴奋和美好。

> 恐惧不是天生的,而是在生活中偶然习得的。

恐惧不是天生的,而是在生活中偶然习得的。

我永远无法忘记奥黛丽10岁时发生的一件事情。一天,她邀请朋友来家里玩,她们玩得正开心的时候,我端着一篮子衣服走过她们敞开门的房间。这时,一辆救护车的警笛声突然响起。我至今想起那个声音时还会心惊胆战。我当时看到的情景让我难忘,我看到奥黛丽直接钻到了床底下。她的朋友满脸疑惑,盯着奥黛丽。也许是因为奥黛丽看到我在听到警笛声时吓得跳了起来,她也学会了害怕。她内化了我的恐惧。

我们身上对某些事情根深蒂固的情绪化反应往往并不源于自己,而是通过观察别人的反应习得的。所以,请问一问自己:"这是我的恐惧还是别人的恐惧?"如果恐惧是你母亲、父亲、祖父母或者配偶的,请把它们识别出来,不要再携带那种恐惧了。你只需放下那种恐惧,把它留在过去。

接着,请罗列出你仍然保留着的恐惧。

这会让你开始面对恐惧,而不是对抗或逃避恐惧,更不是用药物治疗恐惧。

我曾经给我的歌唱家来访者爱丽丝做过关于面对恐惧的练习。离婚后,她每天都很痛苦,甚至出现了声带震颤的情况,背部的伤也让她无法参加演出。她的恐惧清单如下:

独处

失去收入

贫穷,无家可归

生病无人照料

不被他人接纳

我让她检查自己的恐惧清单,并判断这些恐惧各自的真实性。如果某项恐惧是真实的、来自她的现实生活,那就把它圈出来,旁边再加上一个"R"或写上"真实"二字;如果清单中的某一项不是来自她的生活,那就把那一项划掉。用这种方法,她发现自己的恐惧列表中有两项不是来自她的现实生活。她有版税收入,还有退休储蓄,经济方面不必担心。即使没了收入,她可能面临的也不过是无法出去旅游,她不太可能失去房产,更不可能流落街头,所以她划掉了"贫穷,无家可归"这一条。她也划掉了"不被他人接纳"这一条。她的恐惧与实际生活的情况正相反,她是一位受人爱戴的表演者,也是别人珍贵的朋友。更重要的是,她意识到自己被别人接纳与否并不取决于她自己。她正在学习如何爱自己。别人怎么看她,是别人的问题。

她在"独处""失去收入"和"生病无人照料"三项旁边写了"真实"二字。

我让她列一份清单,把今天她为了保护自己和建立想要的生活可以做的事情写在上边。如果她害怕孤独,想要再次与人建立亲密关系,那么她可以下载一个约会应用,花一天时间与陌生人进行交流(你永远不知道自己会遇到谁!),她还可以参加一些匿名见面会或者相亲组织。她可以在比较安全的地方遇到某种更为健康的亲密关系,这种方式好于她上段婚姻中与前夫的相遇。为了处理对生病无人照料的恐惧,她研究了在她有需要时哪些资源可以供她使用。这个地区有哪些机构可以提供居家护理服务?价格如何?保险是否能够报销?她需要做很多调查工作。我们这样做并不能让恐惧消失,只是不让生活中处处充满恐惧。这就像我们把别的客人邀请进房间,而不是让恐惧这唯一一位客人掌握话语权。我们采取行动,我们寻求帮助。

通常情况下,我们被困在某种状态中不是因为不知道该怎么做,而是因为我们抱着过高的期待,害怕自己做得不够好，总是自我批评。我们希望得到别人的认可，更希望得到自己的认可。为了赢得这种认可，我们努力让自己变成超人。可是，如果你是一位完美主义者，你就会开始拖延，因为完美永远无法实现。

我们还可以用另一种方式看待它。如果你是一位完美主义者，你就是在与神竞争。可是你又是人类，人类都会犯错误。所以，请不要试图打败神，因为神永远会赢。

为做到完美而努力并不需要勇气，做一名普通人才需要勇气。我们需要鼓起勇气，才能对自己说"我对自己很满意"，才能告诉自己，"我不需要做到完美，够好就已经足够了"。

有时候，真实的恐惧会令我们非常痛苦，也没有足够的资源来应对它。

我的一位来访者劳伦是两个年幼孩子的母亲，她刚刚40出头时被诊断出了癌症。她的焦虑情绪让病情无法好转。她对未来产生了恐惧，她害怕死亡，害怕孩子们的成长过程中没有她的陪伴，这些又让她的病情雪上加霜。除此之外，她还有另外一道难以逾越的藩篱。她曾对我说，她最害怕的是还没有过上自己真正想要的生活就死去。她的婚姻让她在心理和生理上都饱受折磨，因此，她渴望保护孩子们，并摆脱丈夫的控制和暴力行为。不过，她似乎不可能离开丈夫。癌症让她的身体和经济都遭受了沉重的打击,让她本就艰难的处境再次恶化。离开丈夫对她来说有着很大的风险。

压力和苦恼是有区别的。苦恼是一种持续的威胁,具有不确定性,就像我在纳粹集中营里面对的情况一样。我们不知道洗澡时喷头洒下来的会是毒气还是水。苦恼是有害的,那种感觉就像不知道炸弹什么时候会掉进你的房子里,不知道自己今晚在何处栖身。另一方面,有压力其实是一件好事。压力要求我们信任自己,面对挑战,找到具有创新性的应对方式。

逃离虐待的恶性循环是非常有挑战性也非常危险的,大多数受虐待的女性在真正得到自由前往往会多次回到施虐者身边。对劳伦来说,离开丈夫无疑也是极具挑战性的。如果成为一位单亲母亲,她就需要靠微薄的收入维持生活、独自照料两个年幼的孩子,还要治疗自己的疾病,这对她来说无疑是极其困难的。但这样她就可以不再每天生活在暴力行为的阴影中,也可以从此告别苦恼。

> 压力和苦恼是有区别的。苦恼是一种持续的威胁,具有不确定性,而有压力其实是一件好事。

然而,离开丈夫也使她面临一项艰巨的挑战——她需要用未知的生活替代已知的生活,这往往会是阻止人们冒险做出改变的因素。我们宁愿留在自己熟悉的痛苦处境中,也不愿意面对未知。

你去冒险时往往不知道结果将会如何。可能你无法得到自己想要的,可能境况会变得更糟。即使这样,你也会变得更好,因为你会生活在真实的世界里,而不是活在恐惧感创造出来的世界中。

劳拉决定离开丈夫。她说:"我不知道自己还剩下多少时间,我不要在余生里被人说成'毫无价值'。"

每当我看到来访者们原地打转、犹豫不前,我就会用强硬的语气质问他们。

"你为什么选择一种自我毁灭的生活呢?难道是想死吗?"

人们会回答:"是的,有时候我是这样想的。"

"活着,还是死去",这是人类需要面对的一个深刻问题。

我希望你总是选择活着。你终究会有一死,那么为什么不能充满好奇心地活着呢?为什么不去冒一次险,看看生活能给你带来什么?

拥有好奇心是非常关键的,人们有好奇心,才会去冒险。可是,当我们心怀恐惧,我们就会生活在已经远离的过去或尚未来到的未来中。有了好奇心,我们才能让自己活在当下,渴望知道接下来会发生的事情。冒险和成长比被囚禁在牢笼中要好得多。你可能会失败,但如果不去试试,你就永远不会看到其他可能性。

走出恐惧型牢笼的关键

◎ 我可以、我想要、我愿意

请用一天的时间，留意自己说"我不能""我需要""我应该""我试着"的那些时刻。"我不能"的意思是"我不会"；"我需要"和"我应该"的意思是"我放弃自己自由选择的权利"；"我试着"的意思是"我正在撒谎"。请从自己的语言中删除这些词语。除非你用别的事物替代某件事物，否则就不能放下对它的执念。请用"我可以""我想""我愿意""我选择""我就是我"替代那些让你充满恐惧的语言。

◎ 改变是成长的同义词

今天用不一样的方式做昨天做过的事情。如果你总是按照同一条路线开车上班，今天可以走另外一条路线，或者选择乘公交或者骑自行车去上班。如果你平时去杂货店时都是匆匆离去，今天试着和店员聊聊天，请试着进行眼神交流。如果你的家人总是很忙，不能一起吃饭，那么想办法和他们共进晚餐，吃饭的过程中不要看手机,也不要看电视。这些小事看似无关紧要,但它们都能训练你的大脑,让你知道,你是具备改变的能力的。请记住,没有什么是一成不变的。你可以做出选择,你有着无限的可能。对事物保持好奇心是把焦虑转化为兴奋的关键。你不必总是待在你现在所在的地方、保持你现在的状态或做你现在做的事。你可以做出改变,你可以走出牢笼。

◎ 识别自己的恐惧

请列出自己的恐惧清单。面对每一条恐惧时,你可以这样问问自己:"这是我的恐惧还是别人的恐惧?"如果这份恐惧是你继承来的或者因看到别人恐惧而产生的,那么就从清单中把它划掉。放下这些恐惧,因为那不是你的恐惧,没必要一直把它放在心上。对于剩余的恐惧,请思考这些恐惧是否具备现实性。如果它真实地反映了你现实生活中的情况,把它圈出来。思考这些恐惧是让你苦恼还是让你有压力。苦恼是长期存在的危险,具有不确定性。如果你生活在苦恼中,你首先需要关注自己的安全和生存需要,注意这些需要都是可以得到满足的。做你力所能及的事情来保护自己。如果恐惧让你感到压力,请记住,压力有时是健康的。压力可能会给你提供成长的好时机。最后,对于每一条具有真实性的恐惧,请列出一份清单,写上你今天可以做些什么来增强自己的力量或建设自己想要的生活。

第 / 十 / 章　**评判型牢笼**
　　　　　　　你的内心住着一名纳粹

我们天生就具有爱的能力，
只是习得了恨。

We're born to love; we learn to hate.

去年，我和奥黛丽去了瑞士的洛桑，到了欧洲顶级商学院之一的国际管理发展学院，向来自全球的企业高管和领导力教练做一场鼓舞人心的演讲。在演讲的晚宴上，举办方和参会者都热情洋溢，对我的演讲表示无比的感激。有一位来宾吸引了我的目光。他身材高大，一头卷发已经开始变白，脸庞消瘦，眼神中显露出睿智和悲伤。他觉得我关于宽恕的演讲对他来说像一份珍贵的礼物。接着，他开始哭泣。他泪流满面地对我说："我也有一个故事，只是很难开口。"

奥黛丽与我看向对方。在那个瞬间，我们交换了某些共识。我们都感知到了创伤带来的伤害和保守秘密导致的痛苦。在正餐结束后，奥黛丽穿过拥挤的人群，来到那位男子所在的桌子旁和他聊天。当奥黛丽回来的时候，她对我说道："他叫安德里亚斯，你一定得听一听他的故事。"

我们的日程安排得非常满，不过，奥黛丽还是在我们飞回家之前，安排我与安德里亚斯共进了一次午餐。他平静、条理清晰地向我们叙述了他的过去，把他多年来寻找真相的经历像一块块拼图般展现在我们面前。

他展现给我们的第一块拼图是他九岁时的一段记忆，他和父亲到法兰克福郊外的一个小镇参观。"儿子，这是这个镇上所有镇长的名单。"他的父亲用粗大的手指指着名单中的一个名字：赫尔曼·诺伊曼。赫尔曼也是安德里亚斯的中间名。他的父亲用手指轻点着那个名字，语气中夹杂着悲伤、愤怒、期待和骄傲，说道："这就是你的祖父。"

安德里亚斯的祖父是在他出生前十年去世的。他对祖父完全没有了解，不知道他在世时是怎样的人，也从来不知道坐在祖父的膝盖上听故事是什么感觉。没有人跟他提起过他的祖父，甚至在整个家族参与的一些场合中，人们似乎也不愿意提及他的祖父。他能感觉到，父亲和叔叔的眼神中偶尔闪过的黯然与祖父有关。他当时还太小，无法理解祖父在1933年到1945年期间担任德国公职的意义。

接着，他又给我们展示了另外一块拼图，这块拼图中的故事发生在上一段故事的九年后。当时，安德里亚斯在智利做了一年的交换生，刚刚回到德国。他常年酗酒的叔叔刚刚过世，他到叔叔的地下室去清理杂物。站在昏暗的灯光下，他吃惊地看着书架上的书籍和物品，试着估算自己要花多长时间才能清空这间地下室。他扫视地下室的时候发现了一个木制的手提箱。箱子上贴着的一张贴纸令他感到非常熟悉，这让他觉得很奇怪。他走近了一些，发现那是一张来自智利阿里卡的海关贴纸，上面邮戳显示的时间是1931年。手提箱的皮革标签上印着他祖父的名字。为什么他去智利留学的时候，家里人没有告诉过他当年他的祖父也曾去过智利呢？

他问了问父母，他的父亲耸了耸肩就回自己的房间了。他的母亲含含糊糊地说："我认为他参与了某些事情，然后出国待了几个月。"20世纪30年代初期，德国经历了严重的经济危机，可能他的祖父也像其他年轻的德国人一样，为了生存到国外去寻找机会。安德里亚斯尽力用这种理由说服自己，尽力让自己忽视这个故事还有其他可能性。

几年后，他问另外一位叔叔，是否可以让他翻看存放在后院的那些旧文件。本能告诉他，他会找到一些能够解释自己家族中多年来不安的物品。安德里亚斯的父亲和叔叔有酗酒的问题，对某些事遮遮掩掩、缄口不言。安德里亚斯觉得他们的这种表现与耻辱感有关。

安德里亚斯花了几天时间仔细读着那些文件，了解了更多信息，获得了一块又一块关于过去的拼图。祖父的护照上印着智利的戳，上面显示他在1930年抵达智利，在1931年离开了智利。文件中还有一封寄给安德里亚斯祖父的电报，上面的信息显示他当时在法兰克福的一个大型工业集团当职员，电报内容是："你把法兰克福房子里的那些自行车和其他东西都搬走了吗？"落款是他的弟弟。这是一封很奇怪的电报。

安德里亚斯又看了寄出电报的地址。祖父的弟弟是从马赛的盖世太保总部发出的这封电报。祖父的弟弟为何被允许进入纳粹的电报室呢？为什么自己的爷爷会收到来自盖世太保办公室的私人电报呢？他的家族和纳粹的联系到底有多紧密？

他继续挖掘那堆文件中的信息，找到了一封朋友的来信。那封信的内容是通知他们，祖父的弟弟在法国执行撤军任务的时候牺牲了，当时他所乘坐的那辆汽车被埋藏在地下的地雷炸飞，他永远回不来了。没有发现任何个人物品，也没有找到身份证明。安德里亚斯还发现了祖父当年写给祖母的信件，这些信件是二战后从德国南部的一个战俘集中营寄来的。祖父是因为什么罪名被捕入狱了呢？

安德里亚斯花了很多年搜寻更多信息，但一直没有找到任何线索，仿佛进入了一个死胡同。虽然他的祖父被监禁过，但似乎没有任何证据可以证明他的祖父因罪行受到过调查或者审判。作为填补家族过往秘密的最后手段，他联系了战后祖父母居住的那个镇的档案馆。最后，他得到了很少的资料，档案袋里只装了几页纸，其中包括一份打印出来的年表，表只占了纸的一半。

1927年，当时安德里亚斯的祖父20多岁，他参加了纳粹党第一个军事组织"冲锋队"(SA, Sturmabteilung),这个组织成立的目的是迫害犹太人。该组织的成员朝犹太人家的窗户扔石头、在街上放火,创造一种恐慌和暴力的氛围,这加速了希特勒的崛起。1930年,他离开冲锋队去了智利,几个月后又回到德国,重新加入了冲锋队,并成为队长和纳粹党员。他的这些经历让他在1933年顺利地进入法兰克福一家大型工厂的财务管理办公室工作,也让他后来在安德里亚斯和父亲参观过的小镇当上了镇长。赫尔曼·诺伊曼,安德里亚斯当年看着父亲指着的这六个字意味着他继承了祖父的黑暗遗产。

"我沿用了祖父的名字,我身体中的每个细胞都来自他。我是他的后代,我的一切都和他有关——我是过去发生的一切的产物。"安德里亚斯说。

他觉得自己的身份被污染了。

历史似乎一直在重复。在他知道了关于祖父的真相的同时,在经济上受到严重打击的东德,右翼势力也开始增强。

"我看到了一张人们在东德南部城市开姆尼茨追赶犹太人的照片,我知道祖父一定也做过同样的事。"安德里亚斯说。

安德里亚斯正式把自己的中间名改成了斐利亚,用了儒勒·凡尔纳(Jules Verne)的小说《八十天环游地球》(*Around the World in Eighty Days*)中的角色斐利亚·福克的名字。这本小说在安德里亚斯年幼时点燃了他对这个世界的好奇。通过改名这件事，他拉远了自己和祖父的距离，也与祖父犯下的错误做了了断，就像是在说，"我是赫尔曼的孙子，但我不需要背负他的名字"。

他因为自己的身体里流淌着罪犯的血液而感到羞耻，他的祖父伤害他人、破坏正义并因此获得好处，他的生命正是这些罪恶的结果，这也让安德里亚斯感到无地自容。安德里亚斯说，他仍然在试着放下祖辈的罪恶给他带来的负担。很不幸，这正是现在很多德国人的集体内疚感。如果你是德国人、胡图人，或者那些实施种族隔离和种族灭绝的人的后代，并为此感到自责、内疚甚至痛苦，那么我要告诉你：那不是你的错。请把责任还给肇事者，然后思考我接下来提出的问题。

"你想抱持着这份罪恶感多长时间呢？"我问安德里亚斯，"你想给他人留下什么遗产呢？"

你想一直停留在过去吗？你能否找到一种方法，让你爱的人得到释放，同时也让你自己得到释放？

在去欧洲之前，我一直不知道，我的女儿也苦苦寻找着这些问题的答案。

我和奥黛丽都不记得，我是否在她童年时期提及过自己的过往。她在主日学校里了解到了大屠杀的事情，然后向贝拉问了相关的问题。贝拉告诉奥黛丽，我曾经进过奥斯维辛集中营。得知这个信息后，奥黛丽似乎觉得一切都说得通了。她一直知道我们会对某些事避而不谈，也知道那些事意味着伤痛，但由于她不知如何开口询问（或者不愿意问），真相就一直被隐藏着。

现在，我过去的经历已经完全为人们所知。当我开始更坦然、公开地谈论自己的过往的时候，奥黛丽却不知道如何处理我的遭遇在她心中引发的情感。她不知道我的痛苦（也包括贝拉的痛苦）是否使她的DNA发生了改变，也担心她会把这种创伤传给她自己的孩子。多年以来，她一直避免观看有关大屠杀的电影，回避图书上任何有关大屠杀的图片，甚至不愿意去参观与大屠杀有关的博物馆。

当我们携带着一份糟糕的遗产时，我们的应对方式通常是以下两种之一：拒绝那份遗产；与它带来的伤痛对抗或者尽力摆脱它、逃之夭夭。尽管奥黛丽和安德里亚斯是从相反的角度看待同一场悲剧，但他们都选择了同一种应对方式：直面残酷的事实，找到应对它的方法并肩负着它不断前行。

我曾以为自己保持沉默就可以让孩子们免受我的痛苦的影响，也没有考虑过这份遗产会在更广泛的意义上带来什么影响，直到20世纪80年代初期我才开始考虑这个问题。让我开始思考的是我的一位来访者，那个男孩当时14岁，来我这里参加法院指定的心理治疗。他穿着棕色衬衫和棕色的靴子，手肘支在桌子上，大喊着如何让美国再次变白，谈论着如何杀死所有犹太人、黑鬼和墨西哥人。我几乎怒发冲冠，很想狠狠地给他一巴掌，对他说"你怎么敢这么说？你知道我是谁吗？我的妈妈就死在了纳粹的毒气室！"。就在我觉得自己要伸出手掐住他的脖子时，我听到了自己内心的一个声音："找到你内心的那个偏执狂。"

> 放弃偏执就意味着要从自己开始。放下评判，选择同情。

我心中暗想："这不可能。"我不是偏执狂，我是一名大屠杀的幸存者，也是一名移民。我失去了父母。我在巴尔的摩的工厂里曾经使用"有色人种"的浴室，以此声援我的非裔同事们。我参加过马丁·路德·金的民权游行。我不是偏执狂！

不过，放弃偏执就意味着要从自己开始。放下评判，选择同情。

我深吸了一口气，倾身向前，凝视着他，表现出更多的慈爱和善意，对他说："告诉我更多吧！"

我的动作表现出一种接纳的姿态，但我接纳的不是他的观点和言论，而是他的人格。这种姿态不值一提，但却足以让他开始谈论他那孤独的童年、缺席的父母和他遭受过的严重忽视。我一边听着他的讲述,一边提醒自己,他心中自打出生就充满了对这个世界的仇恨,却没有加入极端组织。他只是在寻求大家都想要的东西。他需要的是别人的接纳,他需要被别人关注,更需要感情。这并不能赋予他的行为和言论以正当的理由,但攻击他只会滋养成长过程中的遭遇在他心中播下的恶的种子。我可以选择继续疏远他,也可以选择给他另外一个庇护所,或者给他提供一种归属感。

那次咨询以后,我再也没见过他。我不知道他是选择偏见、走上了犯罪和暴力的道路,还是得到治愈、扭转了自己的生活状态。我只知道,他走进咨询室时想要杀了像我这样的人,而他离开的时候态度柔和多了。

即使是纳粹,也会成为上帝的使者。这个男孩是我的老师,他指引我用同情代替评判——识别出我们共同的人性,实践爱的真谛。

当下,法西斯主义复苏的阴云笼罩在全世界上空。我的曾孙们已然继承了一个被偏见和仇恨困扰的世界。孩子们在操场上高喊种族主义的口号,每天都带着枪上学。很多国家都筑起了高墙,拒绝向同类提供庇护。对处于这种恐惧和脆弱状态中的人们来说,憎恨那些散布仇恨者是很有诱惑力的。可是,我为那些被教会仇恨的人们感到悲哀。

其实我很理解他们,如果我生来就是德国人,而不是匈牙利的犹太人，我会变成什么样？如果我是德国人，听到希特勒的鼓动性宣言，"今天我们统治德国，明天我们统治世界"，我也可能会成为希特勒青年团中的一员，也可能会成为拉文斯布吕克集中营的一名警卫。

我们虽然不是纳粹的后裔，但我们的内心住着一名纳粹。

自由意味着做出选择，我们的内心每时每刻都在进行选择。我们可以选择内心的纳粹，也可以选择内心的甘地；可以选择天生就具备的爱，也可以选择后天习得的恨。

内心的纳粹是指在事情没有朝着你的预期发展的时候，你内心进行评判、压制同情心的那一部分。它剥夺了你获得自由的可能，让你为不如意的事情责备他人。

我到了这个岁数，还在努力摆脱自己内心的纳粹。

不久前，我曾在一个高档的乡村俱乐部吃过一次午餐，那里的女士个个都像百万富翁。"我为什么要与这些看起来像芭比娃娃的女性共度一个下午呢？"我暗自思忖着。接着，我意识到自己正在评判别人，这与杀死我父母的那些纳粹分子没什么区别。当我把自己的偏见和评判放置一旁的时候，我发现那些女性都是非常了不起的思想家，她们经历了许多困苦和磨难，而当内心对她们存在偏见的时候，我差一点错失了解她们的机会。

有一天晚上,我在一个哈巴德中心演讲,另外一位纳粹集中营的幸存者也在场。在演讲之后的问答环节,这位幸存者问道:"在奥斯维辛集中营,你为什么那样逆来顺受呢?你为什么就不反抗呢?"他抬高了音量问道。我对他解释说,如果我反抗集中营的警卫,我就会立刻被杀死。反抗并不会让我自由,反而会让我丢掉性命,错失余生。不过,接下来,我意识到自己正在对他的激动情绪做出反应,也正在试图捍卫自己过去的选择。那么当下是怎样的呢?也许这是我这辈子唯一一次对他表示同情的机会。"非常感谢您来参加这次会议,"我说道,"谢谢您与我分享了您的经历。"

当我们生活在评判型牢笼中的时候,我们不仅在伤害别人,也在伤害自己。

我遇到亚历克斯的时候,她正朝着自我同情的方向前进。她给我看了她手臂上的文身,文身的图案上方是"愤怒"两个字,这两个字下面则是"爱"。

"爸爸总是愤怒,妈妈则给了我爱。我就是在这样的环境中长大的。"

她的爸爸是一名警官,家教严格,对姐弟俩要求很多:不要摆出那种表情、不要成为负担、不要表现出任何情绪、一定要表现得很棒、不准犯错误。亚力克斯的父亲经常把工作中的情绪带回家。所以，她从小就知道，如果父亲生气了，自己一定得躲到房间里。

"我一直以为是自己的错，"她告诉我，"我不知道他为什么生气。从来没有人告诉我：'他的恼怒与你无关，你没有做错任何事情。'我总以为是我让他生气了，总觉得自己做错了什么。"

等她长大了，这种自我责备和批判被内化，她甚至不敢要求店员帮他从高处的货架上取下一个物品。

"我总是觉得，如果我那么要求，对方一定会认为我'是个白痴'。"

她长期酗酒，酒精能麻痹她的恐惧和担心，也能抑制她的愤怒。最终，她进了戒酒中心。

当我给亚历克斯做咨询的时候，她已经戒酒13年了。因为要照顾瘫痪的女儿，她刚刚告别了那份做了20多年的辛苦的紧急调度工作。用善意对待自己是她生活中新的主题。

不过，每次与家人相处时她都觉得实现这个目标的努力受到了挫败。虽然亚历克斯的母亲是爱、温暖、善意和安全感的化身，是家里的和平卫士，会不顾一切地保护她的孩子和孙辈，每次都把平常的晚餐做得像节日的大餐一样丰盛，但亚历克斯的父亲却仍然怒气冲冲，经常沉默不语。为了保护自己，亚历克斯总是警惕地观察父亲的行为,试图读懂他的各种身体语言。

在最近一次与父母同行的野营中,亚历克斯注意到了父亲对其他人的所有负面评论。

"看到旁边的人正在收拾营地的时候,我父亲说,'我最喜欢看着这群白痴搞清楚自己在做什么了'。我就是在这样的环境中长大的。我的父亲喜欢看别人犯错误,也会嘲笑犯错误的人。难怪我过去常常觉得别人会说我的坏话!难怪我过去会时刻注意父亲脸上的任何表情,只要他稍稍撇嘴或者皱眉,我就会千方百计地做一切可能的事让他不生气。我一辈子都生活在他带来的恐惧之中。"

"你最讨厌的人是你最好的老师,"我告诉她,"他让你知道自己不喜欢哪类人,并审视自己。你花了多长时间评判和吓唬自己呢?"

我们看到了她把自己封闭起来的方式,比如她想学习西班牙语,但却不敢报名;她想去健身,但却不敢去健身房。

我们都是受害者的受害者,为了追根溯源,你想回顾多久前的事情呢?你最好先从自己做起。

几个月后,亚历克斯告诉我,她鼓起勇气接纳了自我,报名参加了西班牙语课程,也加入了健身房。"我受到了别人热烈的欢迎，"她说，"他们甚至推荐我去参加女子举重队。"

当我们释放了内心的纳粹，我们就使一直抑制我们发展的强大军队缴了械。

"你身上有你父亲一半的基因，"我告诉亚历克斯，"看到他身上光明的一面，勇敢地拥抱自己的那一半基因。"

这就是我在奥斯维辛集中营里学到的宝贵经验。如果我与警卫战斗，我就会被枪杀；如果我企图逃跑，我会触碰电网而亡。所以，我把仇恨变成了怜悯。我选择为那些警卫感到难过，他们完全被洗脑了，他们的清白被偷走了。他们释放了自己魔鬼的一面，把无数的孩子扔进毒气室毒死。他们以为自己是在让这个世界摆脱癌症，实际上他们失去了自由，而我还有自己的自由。

我访问洛桑后的几个月，奥黛丽回到了国际管理发展学院，开始与安德里亚斯合作开办高绩效领导力讲习班。

"在成长过程中，我们处在秘密和恐惧的传输线的两端。"安德里亚斯说。现在，为了帮助商业领导们专注于内在疗愈，让他们勇敢地面对过去、朝着更美好的现实前行，他们保持着良好的合作。

他们的很多学生都来自欧洲，主要是来自德国以及瑞士周边的国家，他们的年龄基本是30岁到50岁，这一两代人并没有经历过二战，但他们对自己的祖先在战争期间的经历非常好奇。还有一些学生来自非洲和欧洲东南部，他们的国家曾经历过暴力的蹂躏，这些人都在想办法应对他们家人所经历或者遭受的悲剧。这个由纳粹集中营幸存者的女儿和纳粹分子的孙子领导的内在疗愈研讨会，不仅让大家知道了如何疗愈，而且还让大家知道了为什么人们需要进行疗愈。我们进行疗愈是为了自己，也是为了自己的疗愈能给世界带来的益处，更为了我们留给后人的新的遗产。

"我以前常常对过去保持沉默，"奥黛丽说，"我害怕某种痛苦。"不过，她也意识到，如果她拒绝了解更多，那就意味着她抱持着悲伤。"而我现在对过去的事情充满了好奇心，"她说道，"同时，我也想帮助像我一样的人们。"

安德里亚斯也赞同这一点。

"我终于明白了自己为什么会对祖先的过往那么耿耿于怀，"他说，"如果我的祖先有选择，我相信他们可能也希望自己能够做出正确的行为。意识到这一点后，我更加释然了。我现在停止不停地追问'为什么他们要那么做'，而是专注于自己当下能为和平做些什么。"

我们天生就具有爱的能力，只是习得了恨。究竟是选择爱还是选择恨，完全取决于我们自己。

走出评判型牢笼的关键

◎ 你最讨厌的人是你最好的老师

我们生活中那些最邪恶最令人讨厌的人会成为我们最好的老师。下次再遇到那些激怒或冒犯你的人时,请让自己的眼神变得柔和,告诉自己,"他是一个人,不多也不少;他是人,和我一样",然后问问自己,"他想要教给我什么呢?"。

◎ 我们天生就具有爱的能力,只是后天习得了恨

请罗列出你成长过程中听到的把人分类的不同方法:我们/他们;好人/坏人;正确的/错误的。请尽可能多地罗列出这类信息,把能描述你怎样看待这个世界的分类方法圈出来。请注意你可能会在哪些方面进行评判,这种评判是如何影响你的人际关系的?是否在限制你的选择?是否影响了你承担风险的能力?

◎ **你想传递下去的遗产是什么**

我们无法选择祖先做过什么或经历过什么，不过，我们可以创造一份自己打算遗传下去的生活"食谱"。写下一份让人过上美好生活的"食谱"，把祖先的美好特质当作"食材"写进其中。让这些特质成为后代制造美味的基础，滋养他们的心灵。

第 / 十一 / 章　　**绝望型牢笼**

假如今天我幸存下来，

明天我就会自由

希望是最大胆的想象。

Hope is the boldest act of imagination.

我在奥斯维辛集中营的时候，曾一遍又一遍地思忖着："会有人知道我和玛格达在这里吗？"

答案是令人绝望的。如果人们知道我们在这里却不来干预，我生命的价值又是什么呢？如果没有人知道我们在这里，我们又要怎样逃出这里呢？

每当绝望令我不堪重负时，我就会想起母亲在黑暗又拥挤的火车车厢里告诉过我的那些话："我们不知道要去哪里，不知道会发生什么。但记住，没有人能清除你已经植入头脑中的想法。"

在被监禁的那些漫长又恐怖的日日夜夜里，我会对自己头脑中的想法进行选择。我会想我的初恋男朋友埃里克——我们在战争期间坠入了爱河，曾去河边野餐，一起享用我母亲做的炸鸡和土豆沙拉，一起规划未来。我会想被迫离开家之前与他共舞的画面——我穿着父亲亲手缝制的裙子，仔细检查它以确保自己能穿着它翩翩起舞，确保裙子能够在我舞动时完美地旋转起来，埃里克轻轻地把手放在我腰间的绒面皮带上。我会想火车离开砖厂时他对我说的最后一句话——"我永远不会忘记你的眼睛，永远不会忘记你的双手"。我会想象我们再次团聚时的情景——我们带着解脱的喜悦融化在彼此温暖又热情的臂弯中。在那些无比黑暗的岁月中，这些想法就像温暖的烛光一样点燃我的希望。虽然想着和埃里克在一起的美好时光并不能让我逝去的父母复活或减轻他们的死亡带给我的悲伤，也没有减少我面临的死亡威胁，但是每当想到那些美好的画面，我就能忘却自己的糟糕处境，忽视自己遭受的饥饿和折磨，畅想与我爱的人们重聚的美好未来。我活在人间地狱里，但我知道这只是暂时的。如果这种痛苦是暂时的，那我就能幸存下来。

希望的确事关生死。我在奥斯维辛集中营认识了一位年轻的女子，她坚信集中营会在圣诞节前夕被解放。她看到每次新来的人员在减少，也听到德国人遭受巨大军事损失的传言，因此坚信我们还有几周就会解脱。可是，圣诞节过去了，没有人来集中营解救我们。在圣诞节的第二天，我的那位朋友死了。是希望让她一直在坚持，当希望破灭时，她也随之死亡。

70多年后，我的第一本书《拥抱可能》已经出版几个月，在拉霍亚的一家医院里，我突然想起了集中营里的那位朋友。

几十年来,我一直梦想着能把自己的疗愈故事写出来,鼓励全世界更多的人开始或继续让自己获得自由的旅程。自从我的第一本书出版,发生在全球各地的许多事情令我吃惊,也坚定了我的信念。我每天都收到来自全球的读者感动人心的信件,有人邀请我到一些特别的活动上发言,我还收到了国际媒体的采访邀请。

在令人兴奋的一天,作家迪帕克·乔普拉(Deepak Chopra)邀请我参加他在加利福尼亚州卡尔斯巴德(Carlsbad)的乔普拉中心举办的直播活动,我非常激动。在我这个岁数,长途跋涉后本需要很长时间才能调整好身体状态,但我到达后却立刻开始工作。我约了美容师做头发,让自己看起来精神焕发,穿上自己最喜欢的高档套装,在整理自己妆容时尽力忽视胃里的灼烧感。这种痉挛式的痛感就像我在集中营里因饥饿产生的胃痛一样,极力想要引起我的注意。"别打扰我,我现在很忙!"我一边忙着化妆,一边这样告诉自己的胃。

活动那天,我很早就起床了,精心挑选、试穿各种衣服,一直忙碌着。我穿上夹克衫,看着镜子里的自己,头脑中想象着父亲正在看着我。"爸爸,快瞧瞧呀!"我微笑着对他说。

不过,当一个朋友开车来接我去乔普拉中心的时候,她发现我弯着腰,试图抑制腹部的另一阵不适感。"我不会带你去那个中心的,我得带你去医院。"她对我说。

我当然不会听从她的安排。"我已经为这次会议准备了两天了,我得去乔普拉中心!"这句话从我咬紧的牙关中挤了出来。她一路飙车,把我送到了乔普拉中心。抵达那里之后,我勉强与迪帕克夫妇寒暄了几句,随后就冲进卫生间,在马桶旁跪了下来。我紧紧地抓着马桶,害怕自己会把那里弄得一片狼藉,但很快我就因为疼痛昏倒在了地上。恢复意识时,我发现迪帕克正搀扶着我的手臂,引导着我坐进车里。我被直接送进了医院。医生发现我的一段小肠发生了肠扭转[1],需要立刻切除。医生说,"如果再晚一个小时,你就死定了"。

几个小时后,我从手术中苏醒了过来,头有些昏昏沉沉的。旁边的护士告诉我,我是他们见过的从手术室出来的病人中最优雅的一位。显然,我的妆容还是完好的。

我并不觉得自己优雅。我感到自己像个婴儿一样无助,因药物神志不清,对周围的环境很不适应,如果没有人帮忙,我就无法移动。如果想去卫生间,我必须按下按钮请人帮助,然后因害怕护士或护工无法及时赶到而担心不已。我觉得自己不再是一个完整的人。我的行动受限,无法自理,无法进食,口渴无法自己喝水,去卫生间需要别人帮助。

更糟糕的是,我的嘴被插了管,无法说话。这种无助感和沉默把我带回到那段恐怖的经历。我曾抓住那个管子,试图

---

[1] 一种肠道疾病,症状包括突发持续性剧烈腹痛、恶心、呕吐等。

把它从自己的身体里拉出来。护士担心我会窒息,把我的手捆绑了起来。我因此更害怕了。由于过去的创伤,我有着创伤后应激障碍的症状,这意味着我不能忍受自己的身体活动受到限制。狭小的空间或限制我活动的东西都会让我恐慌。我的心跳加快,出现心脏早搏的症状,这十分危险。我双手被捆绑着,无法说话,这让我觉得生不如死。

我的孩子玛丽安、奥黛丽和约翰从手术开始就一直陪伴在我的床边,不知疲倦地照料我,确保药物能让我保持清醒,把我最喜欢的香奈儿乳液涂抹在我干燥的皮肤上。我的外孙们也来看望我。瑞秋和奥黛丽给我带来了一件柔软的长袍。我的家人们都在尽力照顾我,尽其所能地让我保持尊严,让我感到舒适。可是,我浑身被插上了各种管子。我今后还能不能离开他们的照料呢?如果不能行动自如地活着,我宁愿死去。我的手刚能够活动,我就让玛丽安给我一张纸和一支笔。我字迹潦草地写下:我想死,快乐。

孩子们向我保证,如果到了那个时候,他们会让我走的。玛丽安把那张纸条塞进了口袋。他们似乎并没有理解我的意思——我想要马上离开这个世界。那天晚些时候,我的主治医生麦考尔查房时到了我的病房,他说我气色不错,还向我保证第二天就把管子拔掉。我的孩子们微笑着亲吻我的脸颊,说道:"看啊,妈妈,您会好起来的。"漫长的下午时光一分一秒溜走,我周围的监视器和治疗仪发出"哔哔"声和"咔嗒"

声。我试着说服自己,告诉自己这种情况只是暂时的,我是能够幸存下来的。我浑浑噩噩,似睡非睡,凝视着病房那个方形的小窗户,无数次睡着又醒来,就这样度过了一个似乎无穷无尽的难熬夜晚。终于,我看到太阳升起来了。我挺了过来。我身上的管子要被拔掉了。

我对自己重复说着"这是暂时的",等着麦考尔来拔掉管子。这是暂时的。但是,当医生来了之后,他却仔细地检查了手里的记录本,然后叹了口气对我说:"我认为,我们还得再等待一天。"

我插着管子说不出话,不能告诉他我无法再等待一天。因为不明白我有多么想要放弃,他只是冲着我微微一笑,表示安慰,然后就转身离开继续查房了。

那天半夜,我醒了过来,整个身体在病床上蜷缩着,抗拒着周围的世界。我思考着最后离开这个世界时是否就是这种感觉。接着,我听到了来自内心的一个声音:"你在奥斯维辛集中营里都挺过来了,这次也一定能挺过来的。"我可以选择。我可以选择屈服、放弃,也可以选择希望。一种新的感觉涌遍我的全身。我能感觉到我的孩子、孙子和曾孙们聚集在一起,关爱我,给我力量,就像把我高高举起。我想起了生产奥黛丽的时候,来医院看望我的玛丽安高兴地跳了起来,大喊:"我有妹妹了!我有妹妹了!"我想起了儿子约翰,他童年时经历的病痛教会了我无论遇到什么事都不能放弃。我想起了外孙女林赛,她当妈妈时脸上溢满了幸福。还有我的小曾孙黑尔,他总是甜甜地叫我"吉吉宝贝"。大卫蹒跚学步的时候会把自己的衬衫撩起来,大笑着叫嚷"亲亲我!亲亲我!",让我轻吻他的肚脐。乔丹十几岁的时候总是和朋友一起装酷,但他每晚都要求喝一杯加蜂蜜的牛奶。瑞秋给我按摩脚的时候,她那美丽的眼睛盯着我看。我必须得活下来,因为我还想看到他们美丽的眼睛!我感到了这些来自他们的礼物、来自生命的礼物。虽然我的痛苦和疲劳没有消失,但我的四肢还能动,我的心脏还在跳动,万事皆有可能,我的生命还有意义。我也意识到自己还没有完成帮助别人的使命,我在这个世上还有很多没有完成的事情。

人总有一死。虽然不能选择什么时间死亡,可是我不再想死了。我想要活下来。

第二天,医生来了,帮我拔掉了插在身上的各种管子。奥黛丽扶着我走到大厅,所有的仪器和输液设备都在我身后。护士们在大厅里站成一排,热烈地为我鼓掌、加油,大家都因看到我下床而吃惊。不到一周的时间,我就出院回家了。当被捆在病床上的我选择希望的时候,并不知道一年后我会收到奥普拉发来的邀请信。她在信中说,她读了我的书,想在她的"超级灵魂周日"(SuperSoul Sunday)节目上采访我。

我们永远不知道未来会发生什么。希望不能掩盖痛苦。希望是对好奇的一种投资。希望是一种认知，它让我们知道，如果现在就放弃，我们永远不会看到未来会发生什么。

在我的生命中，没有什么事情比我发现自己怀了第一个孩子更令我幸福了。医生担心我的身体不够强壮，无法生出健康的孩子或无法顺利分娩，因此曾警告我要求我终止妊娠。但我在看完医生后却满心欢喜，几乎无法压抑心中的喜悦。在经历了那么多的痛苦，面对了那么多人的离世后，我终于可以把一个新生命带到这个世界。我买了很多黑面包和刚刚出锅的土豆片来庆祝这件事。我对着橱窗里的自己笑了笑。为了生下这个孩子，我的体重增加了40多斤。

在我的第一个孩子玛丽安出生以来的几十年里，我有得，也有失。我所有的经历都在提醒我自己拥有什么，也让我知道该怎样纪念每一个珍贵的瞬间，而不用等待别人的许可。我一次又一次地提醒自己：选择希望，就是选择生活。

> 选择希望影响了每天我注意到什么。

希望不能保证未来会发生什么事情。在集中营的经历带给我的脊柱侧弯多年来一直伴随着我。这种疾病一直影响着我的肺功能，把我的肺部推得离心脏越来越近。我不知道自己是否会心脏病发作，也不知道自己会不会哪一天醒来时发现自己无法呼吸。

不过,我心中的希望影响了我每天注意哪些事情。我可以用年轻化的思维思考事情,可以选择做哪些事情来让自己的生活激情澎湃——我有机会时就去跳舞或做高踢腿,重读那些对我有意义的书籍,去看电影、听歌剧或看戏剧,去品尝美食、穿时髦的衣服,与友善正直的人们共度时光。请记住,虽然你丧失了很多,也遭受了创伤,但这并不意味着你必须停止充分感受当下的美好生活。

人们也曾对我发出疑问:"你曾目睹了世界上最大的罪恶。当世界上还有种族灭绝事件出现,那么多的证据和事实令人失望的时候,你怎么还能充满希望呢?"

询问面对严峻的现实时为何还能保持希望这种问题,其实是把希望和理想主义混淆了。理想主义代表你希望生活中的一切都是公平、美好或容易的。理想主义和否认、妄想一样,是一种防御机制。

亲爱的,请不要用巧克力把大蒜包裹起来,味道糟透了。同样,否认现实无法让你自由,把否认现实的行为用糖衣包裹起来也是一样。希望不是让你与黑暗保持距离,而是一种让你与黑暗进行对抗的思维方式。

在我开始写作这本书后不久,我偶然和本·费伦茨(Ben Ferencz)一起接受了电视采访,他当时99岁了,是还在世的最后一位在纽伦堡审判中起诉纳粹的人。纽伦堡审判基本上是世界上规模最大的谋杀审判。

当时的费伦茨只有27岁。费伦茨是罗马尼亚犹太移民的后代,二战期间曾在美国陆军服役,参加过诺曼底登陆和突出部之役[1]。集中营被解放时,他曾被派去收集证据。因为在集中营看到的悲惨场景使他受到了永久的心理创伤,他发誓再也不回德国了。

他回到纽约刚刚开始准备当律师时,就被招募去柏林调查纳粹办公室和档案馆,以寻找对纽伦堡审判有用的证据。在整理纳粹文件时,他发现了承担屠杀任务的纳粹特别行动队和党卫军写的报告。报告详细地列出了纳粹在其占领的所有村镇里冷血地枪杀了多少男女老少。费伦茨把这些数字加了起来,数字之和大于100万。这些受害者在家中被屠杀,随后被草草埋葬在乱葬岗里。

费伦茨在采访中非常激动地说:"71年过去了,我想到那时的情景,就一身冷汗。"

他也是从这时有了希望。如果他坚持理想主义,就会试着忘记这个令人痛苦的事实,或者用"战争结束了,世界变得

---

[1] The Battle of the Bulge,发生于1944年12月16日至1945年1月25日,指纳粹德国于二战末期在欧洲西线战场比利时瓦隆的亚尔丁地区发起的攻势。当时同盟国媒体依战役爆发地称其为阿登战役或亚尔丁之役,但盟军依作战经过称之为突出部之役。

更好了,这种事再也不会发生了"这种一厢情愿的想法把令人痛苦的事实藏起来。如果他迷失在绝望中,就会说:"人类是丑陋的,永远无法改变。"可是他选择了让自己充满希望,尽他所能地用法律防止类似的犯罪事件再次发生。在对特别行动队的审判中,他担任美国首席检察官。当时他只有27岁,第一次担任检察官审理案件。

他活了将近一个世纪,一直在倡导和平与社会公正。

费伦茨说:"不让自己气馁是需要勇气的。"他还提醒我们,要永远心怀希望,永不放弃。我们身边新鲜事物层出不穷,而且它们以前从未出现过。

我最近在兰乔圣菲小镇演讲时,心里就记着费伦茨说过的话。这个小镇位于加利福尼亚州圣迭戈北部,不久前还不接纳犹太居民。现在,这里已经在庆祝第一名犹太人拉比来到这里的十五周年纪念日了。

如果我们认定某些事情是绝望的或者不可能的,那么那件事就一定会朝着那种状态发展。如果我们抱着希望采取行动,那么情况又会怎样呢?希望代表着好奇心。心怀希望意味着在自己的内心培养任何能提供光芒的东西,让光芒照亮所有黑暗之处。

> 希望代表着好奇心。

我认为，希望是最大胆的想象。

· ·

我们在任何地方都能看到绝望的种子。

我从奥斯维辛集中营幸存了下来，来到了美国这个"充满自由"的国度，却在巴尔的摩的工厂发现浴室和水房都是按种族划分的。我逃离了仇恨和偏见，但却遇到了更多的仇恨和偏见。

我开始写作此书后几个月，在逾越节[1]的最后一天，在我居住的圣迭戈附近，一名武装人员走进一所犹太教堂，开枪射杀了一名教徒。那个人说："我只是想要保护我的国家，这个国家容不下犹太人。"几个月后，在我居住过的得克萨斯州的埃尔帕索这座城市，一名白人男子出于对移民的仇恨和白人至上主义思想，在一家沃尔玛超市开枪射杀了22人。我的父母去世是为了以往的悲剧再次上演吗？

我永远无法忘记我在埃尔帕索的一个大学课堂上结束演讲时的情景。当教授问大家"你们中有多少人知道奥斯维辛集中营？"的时候，容纳了200人的礼堂只有五个学生举手。这让我的胃一阵抽痛。

---

1 Passover，在犹太教历尼散月（公历3月、4月间）14日黄昏举行，和五旬节、住棚节并列为犹太教三个主要节日。

无知是希望的敌人。

无知也是希望的催化剂。

几周前,我有幸见到了一位圣迭戈教堂枪击案幸存者,他当时正为开始大学生活做准备。他出生于以色列,九岁的时候跟随父母来到了美国。他的父母并不是非常虔诚的犹太教信徒。不过,这个男孩和他父亲最近每周六都会去犹太教堂。他发现去教堂对自己很有帮助,可以让他"思考一周来自己做错了什么,或者做对了哪些事情,让自己思考,重新启动,反思自己的行为"。枪击案发生的那天上午,他还在为自己应该上哪一所大学而苦恼。他的父亲在教堂忏悔室里听《托拉》[1]的时候,他坐在教堂的前厅里,这是他最喜欢的进行祈祷和反思的地方。他看着窗外,看到一个男子进入了教堂。接着,他听到了枪声。子弹四处乱飞,一位女士摔倒在地。"快跑!"他告诉自己。他跳起来飞快地逃跑,枪手看到了他,追着他,对他喊着:"浑蛋,你是跑不掉的!"男孩找到一个空房间,钻到一张桌子下,身子缩成一团。听着

> 无知是希望的敌人,也是希望的催化剂。

---

1 希伯来语 Torah 的音译,亦译"妥拉"。犹太教律法的泛称。原意为"训诫""晓谕"。广义指上帝启示给以色列人的训诫真义,即启示给人类的教导或指引。狭义常指上帝晓谕以色列人的律法,即《旧约圣经》第一部分"律法书",包括《创世记》《出埃及记》《利未记》《民数记》和《申命记》五部经典。因相传由摩西接受上帝的启示所撰写,故又称"摩西五经"。

枪手的脚步声越来越近,他尽力屏住呼吸。渐渐地,脚步声又越来越远,但他还是不敢移动。当他的父亲找到他时,他仍然蜷缩成一团,大气都不敢喘。尽管他的父亲不停地安慰他,告诉他枪手已经逃离了教堂,但他仍然在桌子下不敢移动。

我对他说:"我们谈谈吧,这是一位幸存者和另一位幸存者之间的交谈。这种经历会一直伴随着你。"我告诉他,闪回和恐慌的症状通常不会消失。不过,我们通常不把创伤后应激障碍当成障碍,而是把它当成一种对丧失、暴力和悲剧的正常反应。这位幸存者可能永远无法忘记那天目睹的一切,但他能渐渐地接受这个事实。他甚至可以像使用生活中的其他事情一样,用这件事来推动自己成长,也能让自己更好地实现自身的价值。

这也是我给予你的希望。

可能你也曾面临死亡,可能你曾数次想要结束生命,但你没有死。希望会让你树立坚定的信念,既然你从过去那些苦难中幸存下来,那么你就可以成为一名榜样,成为自由的代言人。你将不再把注意力放在自己丧失了什么上,而是关注你还拥有什么和你肩负着什么使命。

你总能找到可以做的事情。

我的姨妈马蒂尔达活过了100岁,她每天早上起来总是对自己说:"情况可能会更糟,也可能会更好。"她的每一天都是这样开始的。我现在92岁了,大多数日子里,我早上起床的时候会感受到某种疼痛。这就是我面对的现实。我的疼痛一部分是因为衰老,另一部分是因为长期存在的脊柱侧弯和肺部受损问题。只有死去,我才不会感到疼痛。

希望并不能模糊或粉饰现实。希望告诉我们,生活充满了黑暗和痛苦;同时,希望也告诉我们,只有在今天幸存下来,明天才有获得自由的可能。

走出绝望型牢笼的关键

◎ 不要用巧克力包裹大蒜

把希望和理想主义混为一谈是非常诱人的,不过理想主义只是否定的另外一种形式,也是逃避真正与苦难进行对抗的一种方式。假装痛苦离我们远去不能给我们带来心理灵活性和自由。你需要学会倾听自己谈论那些痛苦和悲伤情境的方式。"还好""这并不是太糟糕""别人遇到过更糟的情况""我没有什么可抱怨的""最后一切都会尘埃落定的""不经历痛苦,就得不到荣誉"。下一次你听到自己使用这些弱化自己伤痛、具有欺骗性或表达否定的话语时,请试着用这个句子代替它:"那件事真的让我受伤了,但只是暂时的。"记得提醒自己:"我已经从曾经的痛苦中幸存了下来。"

◎ 不让自己气馁是需要勇气的

在我们身边,新鲜事物层出不穷。请设置一个十分钟的定时器,在这段时间里尽可能多地列举比五年前更好的东西。你可以从全球范围来思考,比如人权的进步、技术的创新、新颖的艺术作品等。你也可以从个人层面进行列举,比如你做过的事情、取得的成就、在哪些方面有了更好的改变。让自己正在做的工作成为希望的催化剂,而不是绝望的催化剂。

◎ 希望是对好奇心的一种投资

请找一个舒适的地方坐下或躺下,闭上眼睛。请放松你的身体,深呼吸几下。请想象你正沿着一条小路行走,要去见未来的自己。你走到了哪里?是走在明亮的城镇街道上吗?是走在森林里吗?是走在乡间小路上吗?请动用自己的所有感官仔细地打量周围的一切——注意自己看到、闻到、听到、品尝到了什么,以及身体出现了什么感觉。现在,你来到了自己未来的家门前。未来的你生活在什么地方呢?住在一幢大楼里,还是住在一个小木屋里?你住的房子有宽敞的门廊吗?房门开了,未来的你是什么样子呢?穿着什么衣服?请和未来的自己拥抱或握手。接着,问问那个未来的自己:"你想让我知道什么呢?"

第 / 十二 / 章　**不宽恕型牢笼**
　　　　　　　没有愤怒就没有宽恕

选择宽恕不是为了曾经伤害过我们的那个人，
而是为了我们自己。

*Forgiveness isn't something we do for the person who's hurt us.
It's something we do for ourselves.*

人们经常问我:"你为什么能宽恕纳粹?"我没有神灵的神力,不能赋予人们宽恕的能力,也无法在精神层面洗涤人们犯下的错误。

不过,我拥有让自己自由的能力。

你也拥有这种能力。

选择宽恕不是为了曾经伤害过我们的那个人,而是为了我们自己。宽恕让我们不再是过去经历的受害者或囚徒,也让我们不再背负着只能容纳痛苦的重担。

关于宽恕的另外一个误解是,与曾经伤害过我们的人和解的方法是说"我不在乎他了"。

宽恕并不是这样的。宽恕不是把某人赶出我们的感情世界,而是学会放下。

只要你对自己说"我无法宽恕某人",你就还在花费精力与自己对抗,而不是为自己而活,也没有充分地享受生活。宽恕别人并不是许可别人继续伤害你,也不是使你受到伤害这件事获得正当性。但伤害已经造成了,只有你能治愈自己的伤痛。

这种对仇恨的释然和宽恕并不容易做到,这个过程也不是一朝一夕就能完成的。对正义、复仇、道歉或仅仅一纸公告的渴望都会阻碍我们进行宽恕。

多年来,我一直会幻想自己到巴拉圭去追捕约瑟夫·门格勒,他在战争结束后就逃亡到了那里。我曾幻想自己假扮成记者或者同情他的人,进入他的家里,看着他,问他:"我就是那个在奥斯维辛集中营给你跳舞的女孩。你杀害了我的父母。"我想看着他的表情,看看他的眼睛会流露出怎样的神情,让他无处躲藏。我想让他直面自己犯下的罪行,让他体验到那种无助感。我想因他的脆弱而感到强大和胜利的喜悦。我并不是在报复,也可以说不完全是想报复。我潜意识里认为让别人受伤并不能带走我的痛苦。不过,很长时间以来,这样的幻想让我获得了某种满足感。不过,这种行为没有驱散我的愤怒和悲伤,只是延缓了我的痛苦感受。

当别人感受到你遭遇的痛苦或者当你说出真相的时候,你才更容易释放过去的悲伤。一些集体性的行动也会对你释放悲伤起积极作用,比如修复性司法、组建战犯审判法庭及真相与和解委员会等。这些举措可以让罪犯为自己犯下的罪行负责,让真相大白于天下。

可是,你的人生并不取决于你从别人那里获得了什么,也不取决于你没有获得什么。你的人生就是你的人生。

我接下来要说的话,可能会让你感到吃惊。

没有愤怒,就没有宽恕。

多年来,我一直保持着强烈的愤怒。我一直不肯承认自己的问题,因为这种愤怒使我恐惧,我以为自己会迷失在其中。这种愤怒一旦开始就无法停下来,它会将我消耗得油尽灯枯。不过,正如我前面所说的那样,抑郁的反义词是表达。从我们身体里释放出来的东西不会让我们生病,那些一直留在身体里的愤怒和悲伤才会使我们生病。宽恕就是释然,只有允许自己去感受和表达愤怒,我才能真正做到放下。最后,我让治疗师坐在我的身上,按住我的手脚,让我找到一个力去对抗,并让我被抑制的尖叫释放出来。

沉默的愤怒是一种自我毁灭。如果你不积极主动、有意识地释放自己的愤怒,而是一直抱持着那些愤怒,你的身心就会受到巨大的伤害。

> 沉默的愤怒是一种自我毁灭。

发泄自己的愤怒也会让你受到伤害。发泄愤怒是指在短时间内将愤怒强烈地表达出来。你可能在那一瞬间得到了情绪的宣泄，但别人会为你的愤怒买单。而且，这种宣泄会使人上瘾。你没有释放任何情绪，而是在巩固一种具有伤害性的恶性循环。

应对愤怒的最好方法是学会引导自己的愤怒，然后使之慢慢消散。

这种方法听上去似乎很简单，可是如果你被教导为"好女孩"或"好男孩"，从小到大都被教导"愤怒是不可接受的、可怕的"，或者你曾因他人的愤怒受到伤害，你就会难以感受到自己的愤怒，更难以表达这种愤怒。

莉娜的丈夫在没有任何解释和商讨的情况下通知她，他想离婚。这让莉娜因失去婚姻而惊慌。一年以后，她似乎把离婚给她带来的伤痛处理得很好。她工作顺利，独自抚养着三个孩子，给他们提供支持和关爱；她留着精明干练的发型，戴着抢眼的耳环，甚至还重新开始与男士约会。然而，她却觉得自己的内心仍然被困在过去，不能从被生活背叛的感觉中走出来。

"我丢失了一些我不想失去的东西，我没有选择的机会。"她这样说。她经历了无尽的悲伤，体验到了无比的痛苦，也体验到了内疚。她调动起自己所有的精力和力量照顾三个孩子、处理离婚过程中的琐事,她以前从不知道自己有这样的能力。但在这个过程中,她没有感到愤怒。多年前,她曾目睹一位姑妈经历了同样兵荒马乱的离婚。莉娜看着姑妈这几十年来屏气凝神,几乎不理世事,等着前夫意识到他犯了错误,回到她身边,与她复合。莉娜的姑妈直到患了癌症去世前还在等前夫回心转意,这种悲惨遭遇一直萦绕在莉娜的脑海里。一天,莉娜选择到一片树林里散步,她想进入树林,在那里释放自己内心潜藏着的所有愤怒。她顺着铁轨走进森林深处,站在树木中间,打算大声地尖叫、呼喊,可是她却无法尖叫出来。她越是想拥抱自己的愤怒,就越觉得麻木。

"我怎样才能感觉到我的愤怒呢?我怎样才能表达我的愤怒呢?"她问我,"我非常害怕感受愤怒,不想感受自己的愤怒。"

"首先,你要让愤怒合理化。"我告诉她。

你有权利觉得愤怒。愤怒是人类的一种情绪,凡是人类,都会有情绪。

当我们不能释放自己的愤怒的时候,我们要么是在否认自己受到了伤害,要么是在否认我们是人类。(完美主义者一般就是这样在沉默中受苦的。)不论哪种情况,我们都在否认现实。我们假装一切都安好,让自己麻木。

这不能让我们自由。

你可以通过大声尖叫或者用拳头打枕头来释放你的愤怒。请独自去海滩或者山顶,迎着风大声地喊叫。抓住一根棍子,使劲击打地面。我们会独自在车里哼唱歌曲,为什么不能独自尖叫呢？打开窗户,深深地吸气,然后再让自己发出你能发出的最长的、最响亮的尖叫声。当我看到来访者表情僵硬或像戴着面具一般隐藏着自己的感情时,我会对他说:"我今天想尖叫,我们一起来好不好？"接着,我们就开始一起尖叫。如果你害怕独自尖叫,请找一位朋友或咨询师陪着你。这会让你获得释放！你听着自己最纯正、毫无遮掩的声音,表达着自己最真实的感受,你会觉得这意义深刻,甚至会感到无比振奋。你这是在倾听自己不加掩饰的心声。请站起身,觉察自己所处的空间,对自己说:"我经历过苦难,但我不是一名受害者。我就是我自己。"

愤怒是一种次级情绪,它是一种防御,也是我们放在隐藏其下的初级情绪周围的一件盔甲。只有通过燃烧愤怒,我们才能接触到自己的盔甲下面的感受,它可能是悲伤,也可能是恐惧。

只有这样,我们才能开始最艰难的部分——原谅自己。

我刚开始撰写这本书时,在八月份的一个星期五下午,我回家时发现有个人站在我家门前。

他身穿卡其色的休闲衬衫,胸前别着一枚似乎代表着官员身份的徽章。

"我是供水公司的,今天来检查你家自来水的污染情况。"他说道。

我让他进了家里,把他带到了厨房。他打开水龙头检查水的质量,接着又开始检查浴室,然后告诉我:"我得给主管打个电话,我觉得你家里的水重金属超标。"他用自己的手机叫来了同事帮忙处理。

一位穿着和他一样的制服、佩戴着同样徽章的男子走了进来。他们又一次检查了所有的水龙头。接着,他们告诉我,我需要去掉身上所有的金属制品,包括手表、皮带、首饰。我取下了项链和手镯,但因为我有关节炎,戒指很难从手指上取下来,所以我请他们帮忙。

他们再次测试了水龙头,并对水质做了某种测试。他们让我去浴室把水龙头打开,待在那里,直到水变蓝。我走进浴室,打开水龙头,看着水流等了很久。当我终于发现了异常,匆忙回到厨房时,那两个人已经不见了踪影。同时,我的项链、手镯和戒指也不见了。

警察告诉我,这是一种专门欺骗老年人的新骗术。我觉得自己太愚蠢了,怎么能愚蠢到这个地步,居然上了犯罪分子的当。我让他们进了房间,让他们在我的家里四处乱逛,还把自己身上的贵重物品交给了他们。我甚至差点给他们写张支票!

然而,我的孩子们和警察的看法不同。他们说:"真是要感谢上苍,你按照他们的吩咐做了。"他们只是拿走了东西,并没有伤害我。如果我试图反抗,他们就会把我绑起来,情况甚至可能更糟。我没有丝毫怀疑地按照他们的要求去做了,这可能救了我一命。

这个观点对我来说是有帮助的,但并没有带走我的愤怒情绪。

我视丢失的那些东西为珍宝,特别是我的手镯,那是贝拉为了庆祝玛丽安出生送我的礼物,我把它藏在尿布中,躲过了捷克斯洛伐克的检查。它虽然只是一个物件,但它代表了我的很多其他东西。它代表了我还活着,代表了我是一位母亲,更代表了我的自由。这些对我来说都是值得庆祝和值得争取的事物。没有它,我总感觉手腕光秃秃的。

接着,我感到了恐惧。几天以来,我总觉得他们会回来杀我灭口。

接着,我内心出现了对犯罪分子的强烈谴责,我想惩罚他们、贬低他们。"你们的母亲把你们养大,就是为了让你们干这种勾当的吗?"我在头脑中大喊大叫,"你们难道就不感到羞耻吗?"

接着，我自己的羞耻感出现了。为他们打开门的正是我自己。我回答了他们的问题，按照他们的指令去做了，把自己的手伸向他们，让他们帮我把戒指取下来。我非常讨厌那么做的自己。我是那么脆弱，那么容易上当受骗，那么毫无防备。

不过，我是唯一给自己贴上这些标签的人。

我想要表达的是，生活不断地给我机会，让我具有选择的自由，让我爱上自己的本真：我是一个普通人，我存在很多不完美的地方，但我是一个完整的人。所以，我原谅了自己，不再执着于谴责那两名罪犯，我也让自己获得了解脱。

我有自己热爱的工作要做，有自己的日子要过，也有爱意要去与别人分享。我没有时间再让自己抱持着恐惧、愤怒和羞耻了。我不能再让那两个贼偷走我的其他东西了。我不会再给他们分毫，也不会把我的力量拱手让人。

访问欧洲时，我和奥黛丽去了阿姆斯特丹，在安妮之家进行演讲。在那里，我受到了最为隆重的接待。荷兰国家芭蕾舞团的首席芭蕾舞演员伊戈内·德容（Igone de Jongh）以我在奥斯维辛集中营第一晚为门格勒跳舞的事件为灵感创作了一支舞蹈并进行了演出。

演出在2019年5月4日，那天是我从奥地利的贡斯基兴集中营被解救的74周年纪念日,也是荷兰的国家死难者纪念日。整个国家会为在纳粹集中营逝去的人们默哀两分钟,同时也向幸存者们致敬。我和奥黛丽到达剧院的时候,人们像欢迎名人一样欢迎我们,向我们致以最热烈的掌声,向我献花,哭泣着与我们拥抱。因为国王和王后迟到了,我们坐到了他们的座位上。

舞蹈演出本来就是我人生之中最精彩、最珍贵的经历之一。我完全被伊戈内·德容的精湛舞技折服,被她的力量、优雅和激情感染,为她描绘的人间地狱中的美丽和超然而倾倒。更让我无法忘记的是演出中对纳粹分子门格勒的塑造。他是一个饥饿的鬼魂,悲伤且空虚,一次又一次逼近作为囚徒的我,但他的欲望却永远无法得到满足。他也是一名囚犯,是对权力和掌控力有着无休止欲望的囚徒。

表演结束时,表演者向我们鞠躬,观众席爆发出雷鸣般的掌声,大家站起身来鼓掌。就在掌声刚开始平息时,双臂捧满鲜花的伊戈内·德容直接从舞台上走下来,来到我和奥黛丽面前。聚光灯打在我们头上,我们热泪盈眶地互相拥抱。伊戈内把她收到的最大的一个花束献给我们。剧院里的人们情绪无比激动。当我们离开剧院的时候,我已经看不清路,双眼里充满了泪水。

我用了很多年才走出愤怒和悲伤,也用了很多年才真正对门格勒和希特勒释怀。同样,我也用了很多年才原谅活下来的自己。不过,当我和女儿在剧院里看到我最黑暗的一段经历在舞台上重现时,我又一次体会到了当年我在集中营营房里得知的真相——虽然门格勒拥有权力,日复一日地用他那只变态的手指选择谁可以活下来,谁要死去,但他更像一个囚徒。

而我是无辜的。

我也是自由的。

走出不宽恕型牢笼的关键

◎ 我准备好宽恕某人了吗

请在头脑中回忆一个曾经伤害过你的人或者让你感到委屈的人。以下这些陈述对你来说都是正确的吗？"那个人做的事不可宽恕。""那个人还没有赢得我的谅解。""我已经准备好原谅那个人。""如果我原谅那个人，我就让他逃脱法网了。""如果我原谅那个人，我就是在给他继续伤害我的许可。""只有在正义到来，或者那个人道歉或者发布声明时，我才会选择宽恕。"如果这些陈述中有一条或多条与你现在的想法一致，那么你就仍在用自己的力量与某人对抗，而不是让这些力量为你自己和你想要的生活所用。宽恕不是你给别人的东西，宽恕是让你释放自己。

◎ 承认并释放自己的愤怒

请和自己进行一次"愤怒约会"。如果你认为愤怒很可怕，无法一个人面对，你可以请一位值得信任的朋友或找咨询师帮忙。让你的愤怒变得合情合理，然后再选择一种方法引导自己的愤怒情绪，那样你的愤怒情绪才会被化解。你可以通过大喊或尖叫的方式释放愤怒，也可以通过击打沙袋的方式，还可以用木棍击打地面，甚至可以到院子里摔碎几个盘子。把你的愤怒释放出来，这样愤怒就不会让你的内心溃烂，也不会使你的内心受到污染。请把所有愤怒释放出来后再停手。请在一天或者一周内重复这样做一次。

◎ **原谅自己**

如果我们对曾经伤害过自己的人无法释怀，那可能是因为我们内心仍然抱持着罪恶感与羞耻感，也在不断评判着自己。我们生来就是无辜的。请想象自己正抱着一个天真无邪的婴儿。感受这个小不点对你的信任，也感受婴儿带给你的温暖。请凝视婴儿的眼睛，那双眼睛睁得大大的，好奇地打量着这个世界。请看着婴儿伸出的小手，那双小手仿佛要抓住这个丰富多彩的世界里的所有细节。所有的事物都是那么深不可测，一切都令他眼花缭乱。这个婴儿就是你自己。你可以对自己说："我在这里，我为你而活。"

后　　记

我们不能赶走痛苦,也不能改变已经发生的事情,不过,我们能够找到自己生活中的礼物,甚至可以学会珍惜自己的创伤。

匈牙利有一句非常出名的谚语——"你在烛光下能找到最黑暗的影子"。我们是至暗与至明的共同体,我们的暗影与我们的光明总是交织在一起。我这辈子最可怕的夜晚就是到达奥斯维辛集中营的第一晚。那个夜晚教给我一堂重要的功课,也是从那时起,这堂功课丰富了我的生活,赋予了我力量。我经历过最恶劣的环境,那种最坏的境况让我有机会发现自己内在的力量,让我一次又一次幸存了下来。作为一名芭蕾舞演员和体操运动员,我以前也曾努力奋斗,不断地反思,也不停地面对孤独,这帮助我从人间地狱里挺了过来;而人间地狱则教会我要继续为自己的人生起舞。

即使生活充满了无数的创伤和痛苦,让你痛不欲生、悲伤难过，甚至濒临死亡，它仍然是一份礼物。当我们让自己被囚禁在对惩罚、失败和被遗弃的恐惧中，我们的这份礼物就受到了损坏。同样，对许可的需要、羞耻和责备、优越感和自卑感以及对掌控力的需要都会使我们的心灵成为囚徒，也会使生活给我们的礼物受到损坏。庆贺自己获得了生活这份礼物就意味着，无论发生了什么事情，即使是在最艰难的时刻，我们不知道自己是否能够存活下来，也要找到生活给予我们的这份礼物。总而言之，要为自己的生命庆贺，让自己活在快乐、爱意和激情中。

有时候，我们会自认为，如果自己走出创伤和丧失的痛苦，让自己感到开心和快乐，或者让自己继续成长或进化，在某种程度上就是对逝者的侮辱和大不敬。不过，你大可尽情欢笑！你大可让自己开心！即使是在奥斯维辛集中营里，我们仍然会在头脑中庆祝。我们举办烹饪盛宴，为在最好的黑面包上放多少香菜、在匈牙利红辣鸡里放多少辣椒粉而争论不休。我们有一晚甚至还举办了一场胸部比赛（猜猜谁是冠军？）！

我不能说每件事的发生都是有理由的，也不能说不公平和痛苦是有益的。但我可以说痛苦、艰难和困苦是帮助我们成长和进化的礼物，它帮我们成就自己。

在战争的最后几天，集中营里的人们都快要饿死了，甚至出现了食人现象。我躺在泥泞的地面上动弹不得,因饥饿出现了幻觉,祈祷着找到一种不需要啃食人类躯体就能活下去的方法。在我的脑海中,一个声音告诉我:"还有草可以吃。"即使死神已经站在我面前,我仍然可以选择。我可以选择吃哪一片草。

过去我常常问自己:"为什么是我?"而现在我会问:"为什么不能是我?"或许是因为我存活了下来,我能选择怎样应对所发生的事情,选择如何让自己活在当下。所以,我也能告诉别人如何在生活中进行选择,这样我的父母和所有的无辜者就没有白死。现在,我把自己从地狱中获得的经验教训作为一个礼物送给你:你有机会决定自己要过怎样的生活,以及你想过上什么样的生活,你能揭开隐藏在暗影中的那些谎言,发现并找回真正的自我。

亲爱的,我祝愿你也能选择让自己逃脱牢笼,让自己获得自由;祝愿你能让自己的那些痛苦变为人生的重要经验教训;也祝愿你能够选择给后代留下哪种精神遗产——你可以传递痛苦,当然,也可以留下礼物。

致　　谢

我总是说:"人们不是主动来到我这里的,他们是被送到我这里的。"

无数优秀的人总是被送到我这里给我提供帮助。我无法写下所有感动过我、激励过我或照顾过我的人们的名字,但他们却直接或间接地促使我创作了此书。对所有曾经令我感动的人们、对我有信心的人们和指引着我告诉我不要放弃的人们,我要说,我为你们送给我的独一无二的珍宝庆贺,也感谢你们在我生命中出现。感谢你们丰富了我的人生,帮助我去面对未知,让我能够从容地应对生活中的各种意外,也让我能够为自己的生命和自由负责。

我要感谢我的来访者们,他们不停地激励我,让我永不退休。我也要感谢他们提出了各种各样的问题,这帮助我成为一名好向导。我还要感谢世界各地发现我工作意义的人们,特别是要感谢那些向我讲述故事的人们。感谢你们鼓励我分享经验教训，让我们都可以满怀激情地迎接每一天，让我们都有机会获得自由。

我要感谢我所有的老师们和导师们，以及所有支持我成为专业心理咨询师的人们。我也要感谢那些一直从事心理治疗的人们。感谢你们给我树立了榜样，你们在照顾自己的同时，也在超越着"自我"，为这个世界能够变得更好贡献着自己的力量，践行着"改变就是成长"的理念。我特别要感谢贾克柏·凡·韦林克（Jakob Van Wielink）和他的同事们。我到瑞士和荷兰时，他们担任了我的向导和保镖，给我引荐那些我应该认识的人们，带我去了许多使我受到热烈欢迎或让我无比感动的地方。祝愿我们每个人都能充分利用生命中的每一刻，以每个人不同的方式给予彼此温暖的力量，让人们活在这个温暖的大家庭中。

感谢那些在日常生活中关照过我的人们，特别是斯科特·麦考尔医生（Dr. Scott McCaul）和萨宾娜·瓦拉赫医生（Dr. Sabina Wallach），他们从未怀疑过我的忍耐力；我的舞伴基恩·库克（Gene Cook）总是那么仁慈；我的助手凯特·安德森（Katie Anderson）总是把我放在首要位置，支持我，帮助我处理各种事情，也为我树立了照顾人的好榜样。感谢你们照顾我的身体，照顾我的心智和精神。你们总是把我放在心上，总是提醒我，自爱就是自我关照。

致　谢

　　写了第一本书对我来说已经是梦想成真，能出版第二本书完全出乎我的意料。如果没有这群啦啦队朋友们，我是无法完成这项任务的：温迪·沃克（Wendy Walker），她是我的啦啦队长，是激励我的楷模，向我示范如何成为真正的幸存者，如何好好地活在当下；我的编辑罗兹·李佩尔（Roz Lippel）、纳尼·格瑞汉姆（Nan Graham）以及他们在出版社的那些出色的同事们极具洞察力；乔丹·埃格尔（Jordan Engle）和伊力格尔·埃格尔（Illynger Engle）通过社交媒体推广我的图书；我要感谢我的经纪人道格·阿伯拉姆（Doug Abrams）和他在代理机构创意建筑师（Idea Architects）公司的梦幻团队；我还要感谢我的合作者埃斯米·施瓦尔·韦加德（Esmé Schwall Weigand），她把我的文字变成了诗歌。

　　我也要感谢我的两个女儿，玛丽安和奥黛丽，她们是实践同意与不同意的艺术的大师，教会我选择不去当受害者和拯救者。感谢你们为这本书做的贡献，帮助我把书中的比喻和实践经验精炼出来。感谢我的儿子约翰，感谢你每天将自己交给别人时展现出来的勇气。

　　感谢我的祖先，感谢我的后代们，感谢你们让我看到，我们的身上都流淌着幸存者的鲜血，让我们总能活得自由，永远不会成为任何人或任何事的受害者。